销魂甜点

让你死个痛快的100道甜点

[法]崔西·德桑妮 著

蒲亚楠 译

海南出版社

HAINAN PUBLISHING HOUSE

前 言
introduction

在介绍甜点食谱之前，想要提醒读者的是：这本书的书名在一定程度上旨在成为继奈洁拉·劳森《如何成为厨房女神》之后的第二本风靡食谱书（但其实一开始并没有这么想）。奈洁拉书中的愿意当然不是要摧毁几十年来女权运动所取得的进步，把女性绑架回厨房里。然而《销魂甜点》当然也不是安乐死的导游指南。这本书的目的更多的是为了扭转现如今甜点越来越在我们的生活中消失的局面。

马克·吐温曾经写道："有些人为了身体健康，严格控制自己的饮食（那些被冠上坏名声的吃的、喝的、抽的）。多奇怪啊！这就像是花费了他所有的财富去买了一头再也不会产奶的牛。"

话虽如此，现如今，比起食品，可能是美食书籍更应该包含有关健康的警告以及基于红灯、绿灯和黄灯标准的饮食规则……如果是这样的情况，那这本书就会被贴上一些滑稽可笑的标签，诸如"谨慎使用"或者是"请在成年人的监护下使用本书"。

然而，如果一份食谱只包含有那些甜死你和腻死你的甜品，并且缩短你的寿命，那就不要强迫自己狼吞虎咽地吃了，否则你的心脏、动脉、肝脏还有味蕾都可能会因为摄入过多糖分而不能正常工作了。

作为一个负责任的成年人，我向您保证，这些食谱能让你做得开心，一个礼拜一次，算是合理的频率吧？我为了精挑细选出100道食谱伤透了脑筋，而最终选出来的，想是在我想到甜点时，最常出现在我脑海里的。通常情况下，巧克力是我最常想到的，当然了我也会想到其他的一些甜的充满奶油的甜点。在夏季和秋季，我倾向于水果甜点和冰淇淋。对于周末的餐食以及家庭聚餐，我大多会选择制作传统的法式甜点以及口感松软的蛋糕。虽然有些食材有点不健康，但是多数情况下，我的甜点所包含的食材都是最传统且较容易取得的。

《销魂甜点》是一本快乐并且充满活力的宣言书,而与哀伤、疾病、过度等词无关。死亡是每个人都要面临的,不是吗?这是一件我们每个人都会经历的事,不过是过程的长短,那么,何不在期间活得精采呢?或许可以说,我们有办法延长寿命,但是,事实上,这不就是在碰运气?

　　甜点通常位于许多人能够获得小幸福的榜单首位。虽然不能帮你对抗死亡后啦,但我希望这本书可以给你的生活提供多种可能,从现在开始直至生命的最后一天。

　　现在,开始动手吧!无论是甜点还是人生。我希望用皮埃尔·德普罗日的这句富含哲理的话启发你做自己的美食,过自己的生活——"在迎接死亡的过程中,幸福地活着!"

崔西·德桑妮

目 录
contents

III · 奶油甜点 / *Crémeux* **103**

IV·松软甜点 / Moelleux 129

V·水果甜点 / Fruité 169

VI · 冰凉甜点 / *Glacé* **203**

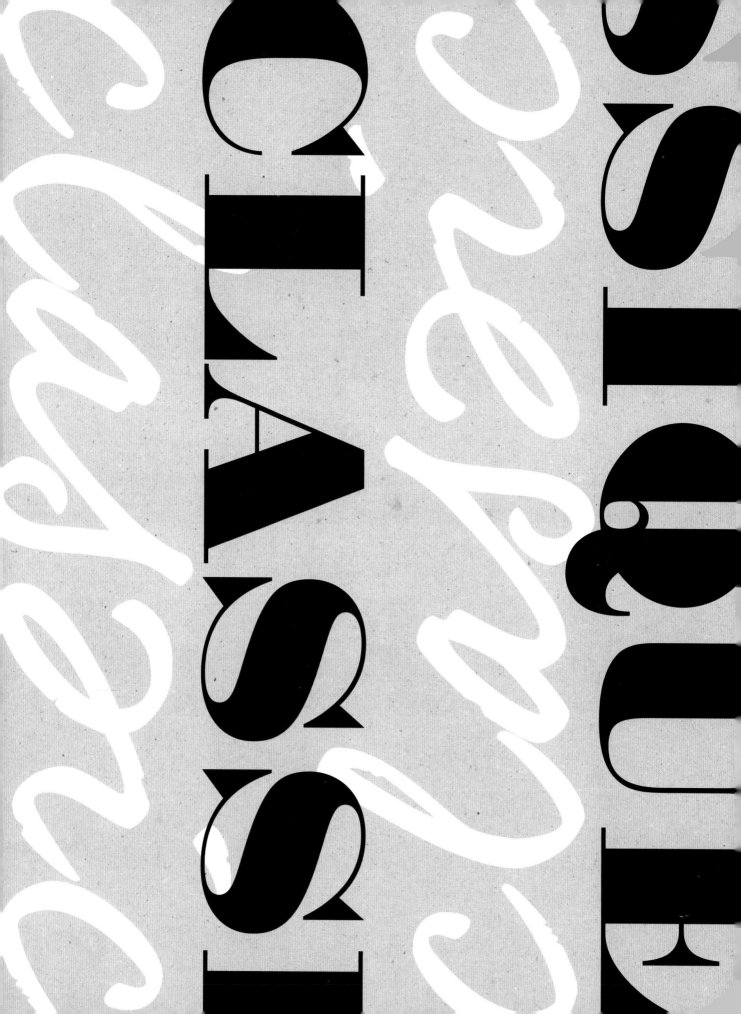

14

·经典甜点·

Classiques

57

× 香蕉太妃派 ×

Banoffee

6人份/准备时间20分钟

对于这份食谱，你不必因为需要自制焦糖而感到烦恼，因为在超市里你一定会找到焦糖牛奶酱或者咸味焦糖奶油酱。然而，不要忽略消化饼干。如果你找不到传统的英国消化饼干，可以用巧克力味格兰诺拉麦片替代，口味不会相差很多。

300g 消化饼干（可用格兰诺拉麦片代替）

100g 软化的含盐黄油

200g 咸味焦糖奶油酱或焦糖牛奶酱

3根 足够熟的中等大小的香蕉

300ml 鲜奶油

2汤匙 马斯卡彭奶酪

50g 糖粉（根据个人口味随意添加）

黑巧克力碎（用于装饰）

首先将饼干研成碎末。将饼干碎与软化的黄油混合，并将其置于一个直径为20～22cm的烤模中，将其压实，接着将其置于冰箱中冷藏几分钟以使其变硬。

将咸味焦糖奶油酱或者焦糖牛奶酱均匀地在派皮上铺开。可以事先将咸味焦糖奶油酱或焦糖牛奶酱稍微加热一下以使其更容易涂抹。

接着，将香蕉切片放置在焦糖酱上。

然后，在电动打蛋器的帮助下，将鲜奶油和马斯卡彭奶酪打发。根据个人口味添加糖粉。将搅拌好的鲜奶油平铺。

最后，用巧克力碎装饰。最好尽早享用它，或者将做好的香蕉太妃派放到冰箱中享用前再拿出即可。

× 帕芙洛娃蛋糕 ×

Pavlova

6～8份/准备时间10分钟/烹饪时间1小时/静置2小时

仿佛软绵绵的奶油躺在香甜酥脆的云朵上。这是一道梦幻甜点，也是我的最爱！

4个 常温下的蛋白

220g 白砂糖

1茶匙 醋或者柠檬汁

1汤匙 玉米淀粉

½茶匙 香草精

300ml 淡奶油

2汤匙 马斯卡彭奶酪

300g 覆盆子和草莓

首先将烤箱温度预热为170℃（5～6档）。在电动打蛋器的帮助下，将打蛋盆中的蛋白打发，接着分多次加入白砂糖，在每次加入时都要搅拌均匀，直至得到表面平滑发亮的蛋白霜。4～5分钟后，检查蛋糊的质地：将一部分蛋糊放在手上，感觉不到砂糖颗粒感为止。如果不是这样的话，再打发一会儿。白砂糖应该在蛋白中完全融化，否则在烤制过程中白砂糖就会融化为糖汁渗出并造成扁塌。

在容器中，将醋或者柠檬汁和玉米淀粉混合。在混合而成的面糊中倒入蛋白霜，并将二者小心地混合在一起。

在烤盘上铺满锡箔纸。用抹刀将蛋糕糊均匀地抹在烤盘上，并做成直径为15cm大小的圆形，再轻轻地由中心向外抹，切记不要抹得太平。

将烤箱的温度调低至120℃（4档）并立刻将烤盘放入烤箱烘烤。一小时后，关闭烤箱。将烤箱门打开以使蛋糕完全冷却。

将奶油和马斯卡彭奶酪打发，涂抹在蛋糕上，并在享用前装饰以新鲜的草莓和覆盆子。

× 巧克力烈日咖啡 ×
Chocolat-café liégeois

原本，这种甜点是将准备好的甜的冰咖啡倒在香草冰激凌上，并辅之以打发奶油。逐渐地，巧克力被加入其中，为这道甜点增添了更加浓厚的口感。就我个人而言，我喜爱混有巧克力、咖啡和冰淇淋的烈日咖啡，并且我希望这种混合口感的咖啡能够改变你对餐馆提供的烈日咖啡产生的刻板印象。

6球 香草冰淇淋

调味汁

200g 黑巧克力

200ml 奶油

2茶匙 浓缩咖啡

50g 含盐黄油

甜味掼奶油

200ml 鲜奶油

2汤匙 马斯卡彭奶酪

1汤匙 糖粉

首先，准备调味汁。将巧克力、奶油、咖啡和黄油混合，并且直接放入一个平底锅中加热或者放入搅拌盆中隔水加热。不停搅拌直到它表面光滑，之后将其放置冷却。

接着，准备打发奶油。在鲜奶油中加入马斯卡彭奶酪和糖粉，并用电动打蛋器打发。

每个杯子中放入一个冰淇淋球。将巧克力咖啡汁倒在上面，最后装饰以打发奶油。现在，开始享用吧!

焦糖牛奶巧克力慕斯 ×

Mousse au chocolat au lait et caramel au beurre salé

6人份/准备时间10分钟/冷却5小时

这道甜品能够令大部分人感到满足。最好选用可可含量超过35%的优质牛奶巧克力。

100g 白砂糖	200g 牛奶巧克力
200ml 奶油	3个 鸡蛋
50g 含盐黄油	

首先，准备焦糖。将白砂糖和一汤匙水倒入平底锅中。将其煮至沸腾，接着调小火直至糖汁变为焦糖。

其次，在另一个平底锅中加热奶油。将焦糖从炉灶上拿开，并在其中混入加热的奶油。充分搅拌焦糖和奶油，使白砂糖充分融化。

待焦糖微微冷却后，加入切成小块的牛奶巧克力搅拌均匀。

当加有巧克力的焦糖完全冷却时，将蛋黄和蛋白分离，并用电动打蛋器将蛋白打发。

稍微搅拌一下蛋黄并将其加入巧克力焦糖中。接着，用刮刀搅拌巧克力奶油并在里面加入搅拌好的蛋白。

将慕斯分别放入玻璃杯、小碗或法式布蕾杯中。最后，在享用前将慕斯放置在冰箱中冷藏4～5个小时，以便获得最佳的口感。

× 焦糖米布丁 ×

Riz au lait au caramel de L'Ami Jean

6人份/准备时间10分钟/烹饪时间2小时

作为真正的美食界颂歌、这道甜点的灵感来源于巴黎第七大道的一间餐厅。大米有一种无法想象的润滑感，搭配上奶油和焦糖核桃，在众甜点中一枝独秀。这道甜点的制作过程较长，但是结果会证明这一切都是值得的。如果你想要在晚宴上用这道米布丁招待朋友，那么就不用再准备前菜和奶酪了。

米布丁

200g 意大利大米（arborio）①

1L 全脂牛奶

200g 糖粉

200ml 香草奶油酱（做法请见下一页食谱，去除巧克力部分）

200ml 鲜奶油

6汤匙 咸味焦糖奶油酱（做法请见前一页食谱）

焦糖核桃

100g 核桃

125g 白砂糖

注：
① arborio通常用于制作意大利焖饭。

将牛奶和大米一起放在一个大的平底锅中。将其煮至沸腾并用文火炖两个小时，在这个过程中要不停搅拌。在煮制过程中，如果大米过干，要加入适量的牛奶，这样甜点会更加柔软。

关火后加入白砂糖，接着充分搅拌以至白糖完全溶化。待大米冷却后加入香草奶油酱。将这些全部放置于阴凉处直至完全冷却。

在电动打蛋器的帮助下将鲜奶油打发，接着将其加入到牛奶大米中。将做好的牛奶大米布丁加热以备上菜。

在炉子上用白砂糖和核桃制作焦糖核桃。在平底锅中将含盐黄油加热，使其柔软。最后搭配米布丁、剩下的打发奶油和焦糖核桃食用。

× 漂浮之岛 ×
Îles flottantes

4人份/准备时间30分钟/烹饪时间30分钟

用经典的香草奶油酱或带巧克力的奶油，漂浮之岛很容易制作并会带给你很复古的美味享受。

香草奶油酱

150ml 全脂牛奶

150ml 液体奶油

1个 香草荚

4个 蛋黄

50g 黑巧克力（可根据个人口味随意添加）

白色糊状蛋白

4个 蛋白

1L 牛奶

50g 白砂糖

50g 烤制的杏仁片

首先准备香草奶油酱。将香草荚横切为二放入平底锅中，并加入牛奶和奶油煮至沸腾。

在这个过程中，在盆中将蛋黄和白砂糖混合打发直至其变为白色，并且体积变为最初的两倍。将牛奶和奶油倒入打好的蛋液中并搅拌。接着，将所有的这些倒入平底锅中用文火慢煮。在煮制过程中，用一把木匙不停地搅拌直至奶油变稠。注意，不要把它煮过头！

当奶油足够浓稠至能够粘在木匙上时，将它从炉子上拿开并迅速放置于一个冰冷的盆中以使其停止受热。如果你选择使用巧克力奶油而不是传统的香草奶油酱，那在这一步时，将巧克力放入奶油中搅拌，使巧克力能够充分溶化。

不要取出其中的香草荚，并将香草奶油酱冷却。在食用之前，将其置于冰箱中以获得清凉的口感。

接着，在电动打蛋器的帮助下，将蛋白打发。在一个大平底锅中将牛奶加热直至其表面微微滚动，随后将蛋白霜分四次放入牛奶中，并让它在沸腾的牛奶中煮上几分钟，这样就做成漂浮之岛了。以上的这些可以通过在微波炉中加热15秒来实现同样的效果。

通过将白砂糖在平底锅中煮至融化来制作焦糖，并用以装饰甜点（或者也可以直接选用现成的焦糖）。将香草奶油酱倒入杯中，将漂浮之岛倒在上面并在享用前装饰以焦糖和杏仁。

× 咖啡达克瓦兹蛋糕 ×

Dacquoise au café,
ganache au chocolat et praliné aux noisettes

10人份/准备时间1小时/烹饪时间1小时15分钟

这是一道让人深刻印象的甜点。蛋白霜，榛子夹心、巧克力甘纳许，加上咖啡奶油霜，真是一种享受啊！

蛋白霜

250g 榛子仁

300g 白砂糖

25g 玉米淀粉

6个 蛋白

一小撮 盐

巧克力甘纳许

125g 奶油

150g 黑巧克力

咖啡奶油霜

4个 蛋黄

50g 玉米淀粉

125g 白砂糖

600ml 全脂牛奶

2汤匙 特浓咖啡

200ml 鲜奶油

榛子杏仁巧克力

150g 白砂糖

150g 烤制的榛子（切成细长条）

首先准备蛋白霜。将烤箱加热至180℃（6档）。用搅拌机将榛子搅碎，但不要太碎。将得到的榛子碎铺在烤盘上并烤制10～12分钟，在这一过程中来回翻动榛子1～2次。将烤好的榛子碎与100g白砂糖和玉米淀粉混合。

将烤箱温度调低至150℃（5档）。在盆中，将蛋白和盐打成白色糊状，接着加入剩下的200g白砂糖并搅拌两分钟以得到平滑浓稠的蛋白霜。在抹刀的帮助下，将蛋白平铺在榛子碎上。

将蛋白霜分三份，分别以直径20cm大小的圆形平铺在锡箔纸上，可以将其放入裱花袋中来实现这样的效果。将蛋白放入烤箱中烤制一个小时，并规律地改变三个烤盘的高度以使三份蛋白霜均匀受热。一小时后关闭烤箱，并将烤箱门半开使蛋白霜冷却。

制作巧克力甘纳许，首先将奶油在平底锅中加热，接着将其倒在装有巧克力碎的容器中。静置一分钟使巧克力融化，然后搅拌均匀，最后再使其冷却。

接下来准备制作咖啡奶油霜。将蛋黄、玉米淀粉和白砂糖在一起打发，直至体积加倍并且变白。

在平底锅中将牛奶煮至沸腾。把沸腾的牛奶倒在之前处理好的鸡蛋上，并加入咖啡进行搅拌。将所有的这些放置在平底锅中用文火煮两分钟，在这一过程中要不停地搅拌。奶油会逐渐变稠。关火后，在奶油表面覆盖一层保鲜膜并将其静置冷却。

在电动打蛋器的帮助下将鲜奶油打发，接着在里面慢慢加入咖啡奶油。

下面准备榛子杏仁巧克力。将白砂糖在平底锅中融化制作焦糖。将榛子粗略地切碎，并将其在硅胶垫或锡箔纸上摊开。把制作好的焦糖涂在榛子碎的上面，静置使其变硬以备装饰。

最后，为了制作咖啡达克瓦兹蛋糕，在蛋白霜上涂一层巧克力甘纳许，接着再涂上一层咖啡奶油。最后再在上面放置蛋白霜，用榛子碎片做装饰。

× 冰淇淋夹心蛋糕 ×

Vacherin

8人份/准备时间30分钟/烹饪时间1小时/静置2小时/冷冻一夜

在经历过全部亲历亲为的咖啡达克瓦兹蛋糕（见27页）之后，这道冰淇淋夹心蛋糕就轻松多了。甚至可以跳过制作蛋白霜的部分，直接购买现成的蛋白霜。

3个 蛋白

200g 白砂糖

500g 香草冰淇淋

500g 覆盆子或草莓冰淇淋

250ml 鲜奶油

2汤匙 马斯卡彭奶酪

50g 糖粉

1茶匙 香草精

将烤箱温度预热至150℃（5档）。在蛋白中加入50g白砂糖，用电动打蛋器打发蛋白，接下来将剩下的白砂糖一点一点地放入蛋白中，打发至蛋白变得光亮浓稠。

在烤盘上覆上锡箔纸或硅胶垫，将蛋白以直径20cm大小的圆形平铺在两个烤盘上。你可以在抹刀的帮助下将蛋白抹成螺旋形。立刻将烤箱的温度降低至100℃（3～4档）烤制蛋白1小时。一小时后关闭烤箱，把烤箱门打开冷却两小时。

将其中一个蛋白霜放在一个直径20cm大的可拆式蛋糕模中。可以对蛋糕的边角进行剪切，以使其能够放入蛋糕模中。

在蛋白霜上涂抹一层香草冰淇淋，再涂一层覆盆子或草莓冰淇淋。仔细地将这两层冰淇淋涂抹平滑，然后轻轻地放上另一个蛋白霜。

用电动打蛋器将马斯卡彭奶酪、糖粉和香草精打发，并装饰在冰淇淋夹心蛋糕的表面。将冰淇淋夹心蛋糕放入冰柜中冷冻直至奶油凝结。

在食用前20分钟将夹心蛋糕从冰柜中取出，利用手温使蛋糕脱模。在食用过程中，你还可以搭配新鲜水果、鲜奶油和覆盆子或草莓酱，这样的话口感更佳。

× 迷你蒙布朗 ×

Minibouchées
mont-blanc

大致可制作12个/
烹饪时间35分钟/静置1小时

这个版本的迷你勃朗峰和原版差距甚大，它就像是安热利纳的一个茶餐厅中的一道甜品——把意大利面和栗子奶油放在蛋白饼上。在这道甜品中，我使用自然甜度的栗子奶油搭配掼奶油酱和新鲜奶油，以达到甜中带酸的口感。

蛋白霜	掼奶油
3个 蛋白	200ml 鲜奶油
120g 白砂糖	200g 法式酸奶油
1茶匙 香草精	约6汤匙 栗子奶油酱

将烤箱预热至150℃（5档）。在烤盘上铺中锡箔纸或硅胶垫。

接下来制作蛋白霜。在盆中，用电动打蛋器将蛋白打发，但不要过于浓稠。将白糖一点一点地加入蛋白中，并且每次放入白糖时都要均匀搅拌。最终蛋白应该浓稠明亮，里面的白糖也应充分溶化。将一部分蛋白放在手上，如果感觉不到白糖的颗粒感，就达到预期效果了。

用裱花袋或者直接用茶匙将搅拌好的蛋白一团一团地放在烤盘上。烤箱烤制35分钟直至蛋白变得酥脆金黄。关闭烤箱后，将蛋白霜静置1小时，使其干燥并完全冷却。

用电动打蛋器将鲜奶油打发。在每一个烤好的蛋白霜上放上一茶匙的掼奶油和法式酸奶油，最后再放上一点栗子奶油酱，这样这道甜点就大功告成了。

× 翻转苹果派配卡尔瓦多斯酸奶油 ×

Tarte Tatin et crème fraîche au calvados

6人份/准备时间10分钟/烹饪时间30分钟

这真的是一道必学甜点！这道甜点很简单，如果使用铸铁烤盘，会更容易。

苹果派

3个 略带酸味的苹果（可以选用青苹果或香蕉苹果）

100g 白砂糖

2汤匙 水

75g 含盐黄油

1张 派皮

卡尔瓦多斯酸奶油

200g 鲜奶油

2汤匙 糖粉

2汤匙 卡尔瓦多斯
（Calvados，苹果白兰地）

将烤箱预热至180℃（6档）。苹果去皮、去籽，切成四块。

将糖和水放到烤盘或者铸铁锅中，放入烤箱加热。待其成为焦糖时转动烤盘避免焦糖粘在烤盘上。将烤盘或铸铁锅取出，加入黄油。

轻微搅拌后，放入切好的苹果。用小火加热3～4分钟，期间将苹果翻动一次。（如果你愿意的话，可以把苹果摆放成漂亮的花瓣状）。

将派皮放到苹果上。把苹果派放入烤箱中烤25分钟，直到表皮变得金黄。

在烤苹果派的过程中，将鲜奶油、糖粉和卡尔瓦多斯混合均匀。

将烤好的苹果派从烤箱中取出，冷却3分钟后倒扣入一个深一点的盘子中（这是为了保证焦糖不流出去）。再配上卡尔瓦多斯酸奶油就可以尽情地享用啦！

× 黑巧克力塔 ×
Tarte au chocolat noir

8～10人份/准备时间20分钟/烹饪时间20分钟/静置3小时

对我而言，这是最经典，也是最能勾起人食欲的一道甜点……

1个 派皮面团	3个 蛋黄
300g 黑巧克力	40g 软化的无盐黄油
200g 鲜奶油	

将烤箱预热至200℃（6～7档），接着制作塔皮。将面团涂抹在塔盘上，然后加上一层锡箔纸，最后在锡箔纸上覆上烘培重石（使派皮不会鼓起变形）。将塔皮放入烤箱烤25分钟直至其完全金黄。从烤箱中取出后静置使其完全冷却。

将巧克力切成块放入容器中。将鲜奶油在平底锅中加热，然后倒入黑巧克力。搅拌至黑巧克力充分融化。然后加入蛋黄和黄油。

在塔皮上倒入拌好的巧克力酱，静置3小时，待巧克力凝固后即可享用。

× 柠檬塔 ×

Tarte au citron

8人份/准备时间1小时/冷却1小时/冷冻30分钟/烹饪时间40分钟

一定要将这道伟大经典的甜点加入你最爱的甜点清单中！虽然这道甜点对技巧有一定的要求，但也还算简单。而且它可是英国甜点教母迪莉娅·史密斯（Delia Smith）的不败食谱！

塔皮

175g 低筋面粉

一小撮 盐

75g 软化的无盐黄油

50g 糖粉

1个 蛋黄

柠檬奶油酱

5个 蛋黄

150g 白砂糖

5个 柠檬果汁和皮屑（柠檬汁需要225ml）

175ml 鲜奶油

2汤匙 马斯卡彭奶酪

首先准备塔皮。将低筋面粉、盐和黄油放在一个大容器中，用手指揉面直到它看起来像是粗玉米粉面团。将过筛之后的糖粉和面团混合，之后加入事先和一汤匙水搅匀的蛋黄。

将面团揉成球状，并用保鲜膜封好，放入冰箱冷藏1小时。

在面团冷藏的过程中，制作柠檬奶油酱。在一个容器中，将蛋黄和白砂糖轻轻搅匀。注意不要过分搅拌，以免蛋黄过于浓稠。在里面加入柠檬汁和切好的柠檬皮屑，接着再加入鲜奶油和马斯卡彭奶酪，搅拌均匀。

将面团放入一个直径为22cm，高4cm的塔盘中。用叉子在塔皮上扎几个洞，然后将它放入冰箱冷藏30分钟。将烤箱预热至190℃（6～7档）。在塔皮上覆盖上一层锡箔纸，接着在锡箔纸上覆上烘焙重石。将塔皮放入烤箱中烤制20分钟直至塔皮变白。将其从烤箱中取出，并将烤箱温度调低至150℃（5档）。

将柠檬奶油酱倒在塔皮上，接着将它放入烤箱中烤30分钟直至柠檬奶油酱烤熟成型。将柠檬塔从烤箱中取出，如果你想吃热的，取出后静置20分钟稍微降温。如果不想吃热的，那就将其放入冰箱中冷藏直至它完全冷却。最后要享用的时候，可以撒上糖粉并搭配上掼奶油，这样口感更佳。

× 梨子杏仁酒蛋挞 ×

Tarte amandine aux poires

8人份/准备时间40分钟/冷藏1小时/静置30分钟/烹饪时间1小时

杏仁塔皮的香气完全衬托了这个优雅的洋梨杏仁塔。如果你喜欢的话，也可以将梨子用樱桃代替。

塔皮

175g 低筋面粉

一小撮 盐

75g 软化的无盐黄油

50g 糖粉

1个 蛋黄

内馅

175g 杏仁膏

1茶匙 白砂糖

1茶匙 低筋面粉

90g 软化的无盐黄油

1个 鸡蛋

1个 蛋白

1茶匙 杏仁精

1汤匙 樱桃酒

6瓶 洋梨罐头

首先准备塔皮。将低筋面粉、盐和黄油放在一个大容器中，用手指使其混合成面包屑状。将过筛后的糖粉和面团混合，之后加入事先和一汤匙水搅匀的蛋黄。

将面团揉成球状，并用保鲜膜封好，放入冰箱冷藏1小时。

面团放入一个直径为22cm的塔盘中。用叉子在塔皮上扎几个洞，然后将它放入冰箱中冷藏30分钟。将烤箱预热至190℃（6～7档）。在塔皮上覆盖上一层锡箔纸，接着在锡箔纸上覆上烘焙重石。将塔皮放入烤箱中烤制20分钟直至塔皮变白。

现在制作内馅。在搅拌盆中，将杏仁膏、白砂糖和低筋面粉混合。接着加入黄油、一整个鸡蛋、蛋白、杏仁精和樱桃酒，并且每加入一样食材后都要进行充分的搅拌。将做好的内馅倒在塔皮上。

将洋梨切成2cm厚的片状，在杏仁塔上铺成花瓣状。轻微地按压洋梨，使其微微嵌入杏仁塔中。

将做好的塔皮放入烤箱中烤制40分钟直至膨胀，表皮金黄。如果你喜欢吃热的，那就将其从烤箱中取出后静置20分钟降温。如果不想吃热的，那就将其放入冰箱中，使其完全冷却后再食用。

× 樱桃克拉芙缇 ×
Clafoutis aux cerises

8人份/准备时间5分钟/烹饪时间35分钟

装饰以樱桃的可丽饼，带给你如沐春风的感觉。

60g 低筋面粉	½茶匙 香草精
3个 鸡蛋	300g 樱桃（如果有耐心的
60g 白砂糖	话，可将樱桃去核）
300ml 全脂牛奶	

首先将烤箱加热至180℃（6档）。在烤盘上涂上黄油。

将除樱桃以外所有的配料混合在一起，用电动打蛋器搅拌均匀。

把所有樱桃放在烤盘中，然后把混合好的面糊倒在上面。在上面撒上一些白糖后，放入烤箱烧烤30～35分钟后，蛋糕表面会变得金黄酥脆，樱桃也开始流汁。

将蛋糕从烤箱中取出，趁热食用，或稍微降温后再享用。

× 枫丹白露 ×
Fontainebleau

4人份/准备时间20分钟/冷却2小时

"真正"的枫丹白露食谱，就像我在这本书里介绍的一样，会有一些复杂。如果没有时间或者不想做那么复杂，也可以跳过沥干水分这一步，直接用费塞勒奶酪混合奶油来做一个山寨版的枫丹白露。

300g 费塞勒奶酪	**特殊器材**
1汤匙 橙花水	一块 药用纱布
300g 鲜奶油	
50g 香草糖粉	
200g 草莓	
50g 液态蜂蜜	

用电动打蛋器将费塞勒新鲜奶酪和橘花水搅拌均匀。用香草糖粉制作掼奶油。将香草掼奶油混合到费塞勒新鲜奶酪中。

将纱布作为筛网，放到一个容器中。将混合好的掼奶油和乳倒在筛网上。将其放置在冰箱中至少2小时以使其沥干水分。

也可以将其分成干小份，分别放在4块纱布上慢慢沥干。

在享用枫丹白露时，可以搭配切好的草莓和液态蜂蜜。

× 经典焦糖布丁 ×

Crème au caramel classique

可制作6个150ML的布丁烤模/
准备时间30分钟/烹饪时间30分钟/静置1夜

这道甜点是所有美食宝典中的必备经典。

焦糖

175g 白砂糖

适量 黄油（用来涂抹烤模）

蛋奶液

4个 鸡蛋

1茶匙 香草精

25g 白砂糖

300ml 全脂牛奶

300ml 鲜奶油

将涂抹了黄油的烤模放入烤箱,预热至150℃（5档）（烤模要达到可以制作焦糖的热度）。

现在开始准备制作焦糖。将白砂糖和5汤匙水放入锅中,加热使白砂糖溶化转小火煮至糖浓稠并呈棕红色。把焦糖倒在预热好的烤模中。

在室温下使焦糖冷却凝固。（不要放在冰箱中,以免急速降温出现裂痕）

在焦糖凝固的过程中,准备制作蛋奶液。在一个容器中,将鸡蛋、香草精和白砂糖搅拌均匀。

在锅中将鲜奶油和牛奶煮至沸腾,接着过筛倒入蛋液中,一起搅拌。当蛋奶液足够浓稠时,将其倒入已装有焦糖的烤模中。

将烤模放入一个有深度的烤盘中,在烤盘中倒入水,约到烤模一半高度。将其放入烤箱中烤制20～30分钟,直至蛋奶液成形。注意不要让气泡产生。

取出烤盘,待布丁冷却后,放入冰箱冷藏一夜。这是为了让布丁完全吸收焦糖的风味。

第二天,用刀划过烤模内壁,使布丁脱模。然后奖其倒扣在有深度的盘子中,最后搭配掼奶油一起食用。

× 金砖蛋糕 ×

Financiers

可制作12个金砖蛋糕/准备时间20分钟/烹饪时间12分钟

带有美味奶香的小蛋糕……毫无疑问，这是一道必学甜点。

90g 无盐黄油

70g 杏仁粉

85g 糖粉

30g 低筋面粉

1个 蛋白

一小撮 盐

½茶匙 香草精

特殊器材

12个 金砖蛋糕烤模

首先，将烤箱预热至200℃（6～7档）。将黄油在平底锅或在微波炉中加热使其融化，但切忌过度加热。在金砖蛋糕烤模上涂上黄油并均匀撒上低筋面粉。

在一个容器中将杏仁粉、糖粉和低筋面粉搅拌均匀。在另一个容器中，用电动打蛋器将蛋白和盐打成白色糊状。

在装有杏仁粉和低筋面粉的容器中倒入黄油和香草精，搅拌均匀。用刮刀轻轻地将蛋白霜拌入其中。

将拌好的蛋糕糊倒入烤模中，放入烤箱烤制10～12分钟，直到蛋糕的表面变得金黄，手指轻压蛋糕会回弹的状态即可。

将金砖蛋糕从烤箱中取出，静置5分钟使其稍微冷却后，再从模子中取出。

× 玛德琳蛋糕 ×

Madeleines

可以制作12个大的或20个小的玛德琳蛋糕/准备10分钟/
静置15分钟/烹饪时间10分钟

这是继金砖蛋糕之后，第二道法国人会铭记于心的甜点。

2个 鸡蛋

100g 白砂糖

100g 低筋面粉

1个 柠檬的果汁和皮屑

1茶匙 酵母

100g 软化的含盐黄油

特殊器材

玛德琳蛋糕烤模

首先将烤箱预热至200℃（6～7档）。用刷子在蛋糕烤模上涂一层黄油，接着在里面撒一些低筋面粉。

在一个容器中，将鸡蛋和白砂糖混合并打发。接着，一个接一个地加入其他配料，在这个过程中用打蛋器不停地搅拌，之后静置15分钟。

将混合好的蛋糕糊倒入烤模约一半高的位置。放入烤箱，大的蛋糕要烤制8～10分钟，小的最多需要5分钟，直到充分膨胀。

最后，将其从烤箱取出并使其完全冷却。现在，尽快享用吧！

× 巧克力豆饼干 ×

Cookies aux pépites de chocolat

可以制作12块饼干/准备时间10分钟/静置1夜/烹饪时间15分钟

在所有饼干中，巧克力饼干的地位是不可取代的。它丰厚、柔软，并且巧克力十足！

125g 含盐黄油

75g 红糖

½茶匙 香草精

1个 鸡蛋

250g 低筋面粉

½茶匙 小苏打粉

175g 黑巧克力

首先在一个容器中将黄油、红糖和香草精混合均匀，再加入鸡蛋，用电动打蛋器充分搅拌。用筛子将低筋面粉和小苏打过筛后加入容器中，并继续搅拌。之后再加入粗略切碎的巧克力味。

将所有的这些揉成面团并在表面覆盖一层保鲜膜。将其放入冰箱中冷藏一夜。

第二天，先将烤箱预热至180℃（6档）。在烤盘上铺上锡箔纸或硅胶垫。

将面团切成高尔夫球大小的12份。依次将它们放入烤盘上，彼此之间留有距离。

将饼干放入烤箱中烤制15分钟，直至饼干表面呈金黄色。从烤箱中取出饼干后，将其放置冷却后即可食用。

× 花生酱饼干 ×
Cookies au beurre de cacahuètes

可以制作20块饼干/准备时间10分钟/
烹饪时间10分钟

这道甜点真的非常经典。吃完一块之后，你肯定
还想吃第二块……

200g 低筋面粉	1个 蛋黄
75g 白砂糖	50g 软化的含盐黄油
2汤匙 带花生碎的花生酱	

首先将烤箱预热至180℃（6档）。在一个容器中将所有
的配料混合，用电动打蛋器将其搅拌为一个表面光滑的
面团。

在烤盘上铺上锡箔纸或者硅胶垫。将面团切成核桃大
小，依次放在入烤盘中。用叉子背轻微按压面团以使其
表面有小小的花纹。

将面团放入烤箱中烤制10分钟，直至饼干变成金黄色。
从烤箱中取出饼干后，将其放置冷却后即可食用。

× 燕麦饼干 ×
Cookies aux flocons d'avoine

可以制作20块饼干/准备时间10分钟/静置1小时/烹饪时间15分钟

这是一道可作为早餐或者小孩子的辅食品（大人也可以吃！）的理想甜点！

100g 糖粉

200g 含盐黄油

225g 低筋面粉

75g 燕麦

1茶匙 酵母

150g 用于装饰的巧克力（可根据个人口味添加）

在容器中放入糖粉和黄油，用电动打蛋器搅拌至变白膨胀。接着加入低筋面粉、酵母和燕麦，并用木匙搅拌。

用手将面团揉成圆柱形，并在表面覆上一层保鲜膜。将其放入冰箱中冷藏至少一小时。

将烤箱预热至180℃（6档）。在烤盘表面覆盖一层锡箔纸或者选用硅胶垫。把面团切成1cm厚的圆形块然后将其摆放在烤盘上，注意每个面团之间留有空隙。

将面团放入烤箱中烤制15分钟，片状直至饼干充分上色。将饼干从烤箱中拿出后，使其完全冷却即可享用。

如果你想用巧克力装饰饼干，可将巧克力放入微波炉或隔水加热融化。接着将巧克力以曲线形涂在饼干上。当巧克力凝固变硬后，就尽情享用燕麦饼干吧！

× 香草奶油酥饼 ×

Shortbread thins à la vanille

可制作20块饼干/准备时间10分钟/静置1小时/烹饪时间20分钟

这些美味精致的饼干很适合在下午茶时间享用。

325g 低筋面粉

125g 细砂糖

200g 含盐黄油或无盐黄油
（也可以两种等比例混合）

2个 蛋黄

1茶匙 香草精

糖霜（可根据个人口味添加）

100g 糖粉

1个 柠檬的果汁

在一个容器中将低筋面粉和细砂糖混合。加入黄油后用电动打蛋器进行搅拌，直至面粉像面包屑一样。在面粉中心挖一个小坑并在里面轻轻地倒入搅拌均匀的鸡蛋和香草精，均匀搅拌。

用手将面团揉成长条状，并在表面覆上一层保鲜膜。将面团放入冰箱冷藏至少一小时（如果可以的话，冷藏一夜效果更佳）。

将烤箱预热至180℃（6档）。在烤盘上铺上锡箔纸或者硅胶垫。将面团切成5毫米厚的圆片，然后将其摆放在烤盘上，注意每个面团之间留有空隙。

烤制20分钟，直至饼干边缘上色。将饼干从烤箱中取出后，使其完全冷却。

可以在饼干表面撒上一层细砂糖或者用糖粉和柠檬汁混合做一层糖霜来装饰饼干。用抹刀将糖霜涂抹在饼干上。当糖霜凝固后就尽情享用吧！

60

· 巧克力甜点 ·

Chocolat

101

✕ 黑啤酒重巧克力蛋糕 ✕

Gâteau intense au chocolat parfumé à la Guinness®, glaçage chocolat et fleur de sel

8~10人份/准备15分钟/烹饪时间1小时15分钟/静置1夜外加30分钟

这份食谱与传统糖霜和带酸味奶油起司的版本有所不同。由于里面加入了一杯健力士啤酒，所以甜点会略微带有酸味。这是一道全部用巧克力制成的蛋糕，在盐之花颗粒的作用下，这道甜点的味道会更加浓厚。

蛋糕

125g 无盐黄油

125g 含盐黄油

250ml 健力士黑酒

75g 可可粉

2个 鸡蛋

150ml 法式酸奶油

1茶匙 香草精

275g 低筋面粉

5g 酵母

350g 白砂糖

糖霜

175g 黑巧克力

75g 无盐黄油

3汤匙 水

一小撮 盐之花

首先准备制作蛋糕，将烤箱预热至180℃（6档）。将黄油和啤酒倒在锅中并用文火慢煮。把可可粉过筛到锅中，在这一过程中要轻微搅拌。当锅中黄油融化后，将其冷却5~10分钟。

接着，把鸡蛋、法式酸奶油和香草精放入一个容器中并用打蛋器搅拌。随后放入筛好的面粉、酵母，再加入白砂糖。最后，将其与之前处理好的黄油、啤酒和可可粉混合。

在一个直径为24cm的烤模中涂上黄油并撒上面粉，接着倒入上一步中得到的面糊。将其置于烤箱中烤制1小时至1小时15分钟。烤好后，将蛋糕取出，冷却15分钟后脱模。最后，在蛋糕表面覆上一层保鲜膜并静置一夜。

第二天，开始准备制作糖霜。把制作糖霜的所有配料倒入碗中，放入微波炉或锅中加热融化。在这一过程中一定要慢慢地对其进行搅拌，直至得到平滑光亮的糖糊。接下来静置使糖糊冷却并变得浓稠。

将蛋糕放置在晾架上，并将巧克力糖霜倒在蛋糕上。借助抹刀将糖霜均匀地抹在蛋糕的表面和边缘。

将蛋糕静置30分钟，待糖霜凝固后，即可享用。

× 马斯卡彭奶酪馅巧克力糖霜蛋糕卷 ×

Gâteau roul et glaçage au chocolat noir, chantilly au mascarpone

8人份/准备时间10分钟/烹饪时间20分钟

这是一道非常容易掌握的经典甜品，并且每次都能被一扫而光！

海绵蛋糕

6个 鸡蛋

180g 白砂糖

50g 可可粉

掼奶油

250ml 鲜奶油

2汤匙 马斯卡彭奶酪

糖霜（可根据个人口味添加）

200g 黑巧克力

100g 无盐黄油

4汤匙 水

首先制作海绵蛋糕，将烤箱预热至180℃（6档）。将鸡蛋的蛋白和蛋黄分离。用电动打蛋器将蛋白打发，接着分三次加入30g白砂糖。最后搅拌至蛋白糊富有光泽。

在另一个容器中，将蛋黄和150g白砂糖快速搅拌，直至颜色变白，膨胀至两倍大。

把可可粉过筛到蛋黄糊中并均匀搅拌。轻轻地拌入蛋白霜，用切拌的方式搅拌最大限度地保留空气。

在一个涂有一层黄油的蛋糕模子上铺上硅胶垫或者锡箔纸，接着倒入巧克力面糊，并用刮刀抹平。放入烤箱中烤制20分钟，直至蛋糕变干并且松软有弹性。

将蛋糕从烤箱中取出，冷却些后，在表面盖上一层潮湿的布来使其完全冷却。你可以采取这样的方式保存蛋糕，还可以用布把蛋糕卷起来以便之后的定型。

现在来准备制作内馅。将鲜奶油和马斯卡彭奶酪混合，用刮刀涂抹在冷却的海绵蛋糕表面，之后再将蛋糕卷起来。

最后，制作糖霜。首先将巧克力、黄油和水一起放入微波炉中加热融化。融化后将其稍微冷却，再用刮刀涂抹在蛋糕上。静置使糖霜冷却凝固，你也可以按照自己的方式装饰蛋糕卷。之后，就开始享用美味吧！

× 奶油奶酪巧克力蛋糕 ×

L'ultime fudge cake au chocolat, glaçage au cream cheese

8～10人份/准备时间30分钟/烹饪时间35分钟/静置1小时

这一版本比起我之前另一种用白脱牛奶制作的蛋糕的口感更加细腻，巧克力和可可粉为蛋糕增添了不少风味。做成这道甜点需要一定的技巧，但是学习这些技巧绝对是值得的。

蛋糕

100g 黑巧克力

180g 低筋面粉

100g 可可粉

2茶匙 酵母

100g 杏仁粉

200g 无盐黄油

275g 红糖

4个 打好的鸡蛋

150ml 白脱牛奶（发酵牛奶）

1茶匙 香草精

奶油奶酪糖霜

100g 巧克力

300g 奶油奶酪（philadelphia）

100g 无盐黄油

725g 过筛糖粉

150g 可可粉

2茶匙 香草精

首先制作蛋糕。将烤箱预热至180℃（6档）。准备两个直径20cm、高4cm的蛋糕烤模，并涂上一层黄油，接着在里面铺上一层锡箔纸。

将巧克力放入微波炉中或隔水加热融化。在容器中筛入面粉、可可粉和酵母，然后放入杏仁粉并搅拌均匀。

在另一个容器中，将红糖和黄油放在一起搅拌，直至其表面变白并且膨胀至两倍大。之后一个一个地加入鸡蛋，每次加入鸡蛋后都要均匀搅拌。如果蛋糊不能凝固的话，再加入一汤匙面粉和红糖。接着在里面倒入白脱牛奶、融化的巧克力和香草精。混合均匀后，分次加入混和的面粉和可可粉，并以切拌的方式搅拌均匀。

将上述面糊倒入蛋糕烤模中，然后放入烤箱中烤制30～35分钟。烤好的面包表面应该金黄紧致。为了检查蛋糕的烤制程度，可以将刀插入蛋糕里，抽出时间刀身干净即熟。

将蛋糕从烤箱中取出，静置冷却后将其脱模，之后将蛋糕放到晾架上使其充分冷却。当蛋糕冷却后，撕掉锡箔纸并把蛋糕横切为二。

准备制作糖霜。将巧克力放到微波炉中或者隔水加热使其融化。将其余配料混合放入一个容器中，用电动打蛋器以慢速对其进行搅拌。搅拌好的混合物应为打发状态。之后放入融化的巧克力。

用抹刀把蛋糕的每一个平面上涂上糖霜，之后将蛋糕顶部也涂上糖霜。虽然糖霜涂得很多，但这确实很美味。如果你不喜欢像我一样涂那么多糖霜，那么每层只涂抹表面即可。最后在冰箱冷藏一个小时就可以食用了。

黑啤酒巧克力布朗尼 ×
Guinness® Brownies

8人份/准备时间10分钟/
烹饪时间25分钟

这是一道新版布朗尼。没有人可以阻挡你淋上奶油奶油糖霜（详见65页），你也可以用其他黑啤酒来代替这款著名的爱尔兰啤酒。

120g 黑巧克力	350g 白砂糖
200g 无盐黄油	1茶匙 香草精
80ml 健力士黑啤酒	150g 低筋面粉
6个 鸡蛋	50g 可可粉

首先将烤箱预热至180℃（6档）。将切成块的巧克力和黄油放入微波炉或隔水加热融化。稍微静置冷却后倒入黑啤酒，然后搅拌均匀。

接着，在一个大容器中加入鸡蛋、白砂糖和香草精，并打发至颜色变白呈慕斯状。之后再放入融化的巧克力奶油液并搅拌均匀。

将可可粉和面粉过筛后，放入之前做好的巧克力酱中，在这个过程中要用一把木匙不停地搅拌。

准备一个20×28cm的蛋糕烤模，涂上一层黄油后倒入准备好的面团。将其放入烤箱中烤制25分钟。烤制好的布朗尼蛋糕应该中心柔软且表面略干。

× 士力架蛋糕 ×

Gâteau aux baïes chocolatées

可以制作20个小蛋糕/准备时间10分钟/
烹饪时间15分钟

我承认这是个有点不健康的甜点，但是它的制作方法很容易掌握，并且所有的配料都可以在你家附近的小超市中买到。

225g 室温下的无盐黄油	1茶匙 香草精
225g 红糖	225g 低筋面粉
4个 打好的鸡蛋	5个 士力架巧克力棒

首先将烤箱预热至180℃（6档）。在一块20×28cm的焗烤盘肉涂上黄油。

在一个容器中，将黄油和红糖打发至颜色变白，之后放入鸡蛋和香草精，再放入筛好的面粉。

将面糊倒入涂有黄油的烤盘中，接着将其放入烤箱中烤制15分钟。

在蛋糕烤制过程中，将士力架切片。当蛋糕烤好后，将其从烤箱中取出，然后在上面铺上切好的巧克力。接着将蛋糕放入烤箱中加热，使巧克力融化。

将蛋糕从烤箱中取出，静置冷却待表面的巧克力凝固后，即可食用。

花生酱奥利奥巧克力塔

*Tarte au chocolat,
beurre de cacahuètes et
biscuits Oreo®*

8～10人份/准备时间25分钟/冷却时间30
分钟/静置1小时

这道甜点可能是我这几年制作的最"不健康"的甜
点……但是亲爱的朋友们，我们要懂得放纵一下！

20块 奥利奥饼干	175g 糖粉
175g 无盐黄油	200g 黑巧克力
400g 带颗粒的花生酱	

首先，用电动打蛋器将饼干打碎。将175g的黄油融化并
与饼干碎拌匀。

将准备好的这些放入直径24cm的烤模中（最好选用活底
烤模），接着将其放入冰箱中冷藏30分钟。

在这段时间里，把花生酱和糖粉放入一个容器中并搅拌
均匀，之后将其涂在冷藏过的。

将剩下的黄油和巧克力放入微波炉中或隔水中热使其融
化。每加热30秒需取出搅拌一次，直至巧克力变得平滑。

将巧克力倒在带花生酱的烤模里。把花生酱巧克力塔放
在干净的地方静置1小时使其表面变硬。注意不要放到
冰箱中以免破坏巧克力光滑的表面。

× 姜汁柚子巧克力蛋糕 ×

Gâteau au chocolat, glaçage au yuzu et au gingembre

8～10人份/准备时间10分钟/
烹饪时间30分钟

柚子是一种原产于亚洲的柑橘类水果，也是很好的柠檬代替品。与柠檬相比，柚子的口感甘甜顺口且更甜。在这道甜点中，你也可以用糖渍柚子皮来代替糖渍姜块。

蛋糕	糖霜
175g 低筋面粉	3汤匙 柚子汁
4汤匙 可可粉	3汤匙 白砂糖
225g 软化的黄油	几块 糖渍姜块（最好选用
4个 鸡蛋	泡在糖汁中的）
225g 白砂糖	

首先制作蛋糕。将烤箱预热至180℃（6档）。在一个容器中，将面粉和可可粉混合，之后放入黄油、鸡蛋和白砂糖，接着用电动打蛋器搅拌至面糊表面光滑，质地均匀。

准备一个直径为24cm大小的蛋糕烤模，在上面涂上一层黄油并撒上一层面粉，将面糊倒入之后放入烤箱中烤制25～30分钟。当蛋糕表面烤至金黄后，用一把刀插在蛋糕中心，这时拔出刀身应干净无粘连。将蛋糕从烤箱中取出，将其静置冷却几分钟，在这个过程中我们来制作糖霜。

将柚子汁和白砂糖混合，并且不必等白砂糖充分融化就将其倒在蛋糕的表面。让糖汁充分浸透蛋糕，当蛋糕冷却后，糖粒会在蛋糕的表面形成一层漂亮的装饰。

最后，用糖渍姜块来装饰蛋糕。现在，就尽情享用吧！

× 朗姆酒冰淇淋巧克力太妃派 ×

Banoffee au chocolat, glace rhum-raisins (sans sorbetière !), sauce fudge au chocolat

---

8人份/准备时间20分钟/静置2小时30分/凝固2小时

没错，就是这样所有的这些共同组成了这道甜品！

巧克力太妃派

300g 巧克力消化饼干（或谷物麦片）

100g 软化的含盐黄油

2汤匙 可可粉

200g 焦糖或焦糖牛奶酱

3根 中等大小的熟香蕉

200g 黑巧克力

300ml 鲜奶油

2汤匙 马斯卡彭奶酪

50g 糖粉（可根据个人口味添加）

黑巧克力碎片（用于装饰）

朗姆冰淇淋

120g 金黄色葡萄干

100ml 朗姆酒

4个 鸡蛋

150g 白砂糖

300ml 冰的鲜奶油

巧克力酱

300ml 鲜奶油

250g 巧克力

50g 含盐黄油

将葡萄干放在朗姆酒中浸泡2小时，接着制作巧克力太妃派。将饼干切碎并与软化的黄油和可可粉混合，倒入一个直径20~22cm的烤模中，之后放入冰箱中冷藏30分钟使饼干基底变硬。

将焦糖或者牛奶酱（需要的话可以稍微加热）涂在饼干基底。将香蕉剥皮切片，然后摆放在焦糖酱上。

将巧克力放在微波炉中或隔水加热，静默稍微冷却。将马斯卡彭奶酪和糖粉混合，用电动打蛋器制作掼奶油，如果需要的话可以加入糖粉，之后加入融化的巧克力。把做好的巧克力酱涂在香蕉上，静置冷藏。

现在准备制作朗姆冰淇淋。将鸡蛋的蛋黄和蛋白分离。用电动打蛋器将蛋白打发，接着分两次加入100g白砂糖，每次加入后都要好好搅拌以得到富有光泽的蛋白霜。

在另一个容器中，用电动打蛋器将冰的鲜奶油搅拌为掼奶油。加入蛋黄和剩下的50g白砂糖并不停搅拌，直至其变为白色霜状。加入之前做好的蛋白霜，接着加入掼奶油，最后放入朗姆酒。将混合好的朗姆酒冰淇淋倒入一个塑料碗中并放入冰柜冷冻至少2小时（在此期间不要搅拌）。

现在制作巧克力酱。将鲜奶油放入微波炉中或者隔水加热，接着在里面加入巧克力碎和黄油块。搅拌均匀，待其融化后稍微冷却一下。最后搭配巧克力太妃派和朗姆酒冰淇淋一起享用吧。

× 白脱牛奶巧克力蛋糕 ×

Gâteau au chocolat
au lait ribot, sucre brun et fleur de sel

8~10人份/准备时间15分钟/烹饪时间25分钟

在我的第一本书中，我介绍了娜塔莉的巧克力蛋糕，那是一道容易制作又美味的甜品，并且全世界都风靡。接下来的这道甜品就是它的继承者！诚然，这道甜品的制作需要那么一点点技巧，但是从现在开始我们都是"糕点师"，没有什么能让我们害怕的，不是吗？这道甜点有着细腻的质地和丰厚的口感，并且不那么油腻，因为这里使用的是可可粉而不是巧克力酱。牛奶为这道甜点带来了丝滑的口感，红糖和盐之花也完美地结合在一起。现在马上来一起做吧！

170g 常温下的无盐黄油

140g 白砂糖

160g 黄糖

3个 鸡蛋

2茶匙 香草精

210g 低筋面粉

120g 可可粉

170g 白脱牛奶

2茶匙 酵母

1茶匙 盐之花

首先将烤箱预热至180℃（6档）。准备一个直径为22~23cm的蛋糕烤模，并在上面涂一层黄油，接着在烤模内部铺一层锡箔纸。

在另一个容器中，将黄油和白砂糖混合，并用电动打蛋器搅拌2分钟直至浓稠变白。依次放入鸡蛋，每次加入鸡蛋时都要贴着容器边进行搅拌。最后，倒入香草精。

将一半的面粉和可可粉过筛，用刮刀均匀搅拌并加入白脱牛奶。接着加入剩下的面粉和可可粉、酵母，最后倒入盐之花，搅拌均匀。

将混合均匀的面糊倒入烤模中并放入烤箱烤制20~25分钟。为了检查蛋糕是否烤好，我们可以将一把刀插在蛋糕中心，看刀拔出时刀身是否无粘连。

将蛋糕从烤箱中取出后静置5分钟使其冷却，之后将其脱模放到晾架上以使其完全冷却。如果可以的话静置一夜第二天食用口感更佳，所以耐心一点吧！第二天享用时，你可以再抹一层糖霜（详见62页）。

白味噌巧克力布朗尼
Brownies au shiro miso

× ×

8人份/准备时间30分钟/
烹饪时间35分钟

当我在阅读《华尔街时报》上的食谱专栏时，产生了这道巧克力布朗尼的一些灵感。我稍微改良了一下，一般认为布朗尼很甜，而白味噌能够给布朗尼带来一丝咸咸的风味。

200g 黑巧克力	5汤匙 低筋面粉
200g 无盐黄油	4汤匙 可可粉
3汤匙 白味噌	5个 鸡蛋
100g 糖粉	

首先将烤箱预热至180℃（6档）。准备一个边长20cm的蛋糕烤模并在上面涂上一层黄油。

其次，将巧克力和黄油切成小块。将切好的黄油、巧克力和白味噌混合并放入微波炉或隔水加热使其融化。

在一个容器中，将白砂糖、面粉和可可粉混合，接着慢慢放入融化的巧克力，在此过程中要不停地搅拌。接下来依次放入鸡蛋，每放放一个都要搅拌均匀。

将拌好的面糊倒入烤膜中并放入烤箱中烤制30～35分钟。如果你想要你的巧克力布朗尼蛋糕更加松软，那么烤制时间一定不要超过35分钟！

× 香橙玉米粥巧克力蛋糕 ×

Gâteau de polenta au chocolat et à l'orange

8～10人份/准备时间30分钟/烹饪时间45分钟/冷藏1小时

巧克力甘纳许和香橙糖霜使这道菜的口感丰富、质地细腻。如果你在制作这道甜点的过程中使用了比平时多的餐具，那么请原谅我，不过这道甜品一定值得你如此费尽心思地制作。

蛋糕

200g 黑巧克力

100g 无盐黄油

100g 含盐黄油

3汤匙 鲜榨橙汁

4个 鸡蛋

125g 红糖

50g 速溶玉米粥

1茶匙 酵母

1个 橙子的皮屑

糖霜

50g 红糖

1个 橙子的皮屑

100g 黑巧克力

75g 无盐黄油

适量 糖渍橙片

首先制作蛋糕。将烤箱预热至180℃（6档）。准备一个直径20cm高4cm的蛋糕烤模并在上面涂一层黄油。

在一个容器中放入巧克力、两种黄油和橙汁，接着将其放置于微波炉或者隔水加热使其融化。充分搅拌，直至表面平滑。

然后将鸡蛋的蛋白和蛋黄分离。用电动打蛋器将蛋白打发，并一点一点地放入一半的红糖以得到富有弹性及光泽度的蛋白霜。

在另一个容器中，将蛋黄和剩下的红糖混合搅拌直至变成泛白的霜状。接着一点一点地放入融化的巧克力、酵母、速溶玉米粥和橙子皮屑。最后用刮刀轻轻拌匀。

将面糊倒入烤模中并放入烤箱中烤制40～45分钟。从烤箱中取出后，让蛋糕在烤模中完全冷却。

现在制作糖霜。首先将制作糖霜的所有配料放置在一个容器中，并将其放入微波炉或者隔水加热。接着充分搅拌以使其变得光滑，接着将其静置冷却使其变得浓稠。

用刀在烤模四壁划一下，帮助蛋糕脱模，在蛋糕上淋上一层糖霜。紧接着将蛋糕放入冰箱中冷藏1小时使糖霜凝固。

最后，用糖渍橙片来装饰蛋糕，即可享用。

× 棉花糖塔 ×
Tarte aux s'mores

6～8人份/准备时间30分钟/
冷藏2小时30分钟

这道甜点源自美国的传统甜点"s'mores"。它将消化饼干、巧克力和棉花糖混合在一起，制作出超级简单的塔类点心。在吃完汉堡和热狗后，用这道甜点来终结晚餐吧！

300g 消化饼干（也可以用格兰诺拉麦片或者巧克力饼干代替）	350g 黑巧克力
	蛋白霜
75g 无盐黄油	2个 蛋白
250ml 鲜奶油	120g 白砂糖
70g 冰的无盐黄油	

将饼干碾碎，并将其与融化的黄油混合。准备一个底部可拆卸的直径为22cm的塔盘，并将混合的黄油和饼干碎涂在塔盘的底部。将所有的这些放置于冰箱中冷藏30分钟。

将鲜奶油放入平底锅中加热。将巧克力和黄油切成小块，将其放入一个容器中，把加热后的奶油倒在上面。静置几分钟后轻微搅拌，使巧克力甘纳许变得光滑。接着将巧克力奶糊倒在蛋挞上面并将其放入冰柜中冷冻1小时。

在这个过程中，开始制作蛋白霜。首先用电动打蛋器将蛋白打发，接着分三次放入白砂糖。每次加入都要搅拌均匀，直到蛋白霜呈光滑状。

将蛋白霜涂在巧克力甘纳许上。如果你喜欢的话可以用喷枪在蛋白霜上喷出焦色装饰，最后将其放入冰柜中冷藏1小时，即可享用。

× 摩卡达克瓦茨蛋糕 ×

Dacquoise au moka

8人份/准备时间30分钟/烹饪时间1小时/冷藏3小时

这是个会让人感到幸福的三层蛋糕!

饼干

6个 鸡蛋

325g 白砂糖

175g 榛子粉

1汤匙 可可粉

160g 无盐黄油

250g 融化的黑巧克力

30ml 浓缩咖啡

咖啡甘纳许

180g 黑巧克力

160ml 鲜奶油

30ml 浓缩咖啡

1汤匙 巧克力甜酒或白兰地

制作饼干,将烤箱预热至180℃(6档)。将鸡蛋的蛋黄和蛋白分离。在一个容器中,将蛋白打发2分钟,接着往里面一点一点地放入170g的白砂糖,直至得到富有弹性及光泽的蛋白霜。将榛子粉和筛好的可可粉放入。

准备一个底部可拆卸的蛋糕模子,在上面刷一层黄油,接着在内部覆盖一层烘焙纸。将带有榛子粉的蛋白霜倒入蛋糕模子中。将表面抹平后放入烤箱中烤制15～20分钟。从烤箱取出后静置备用。

在一个容器中,用电动打蛋器搅拌黄油和剩下的白砂糖,直至其变白且体积加倍。接着在里面放入蛋黄、咖啡和融化的巧克力。将其均匀搅拌后倒在烤好的蛋白霜上。接着将它们重新放入烤箱中烤制25分钟,直至蛋糕中心成型。把烤好的蛋糕立刻从烤箱中取出,然后静置冷却后放入冰箱中冷藏2小时。

现在开始准备制作咖啡甘纳许。在容器中将巧克力切块。接着,在一个平底锅中,将鲜奶油和咖啡煮至沸腾,然后将其倒在巧克力中。静置1分钟后倒入巧克力甜酒,并小心搅拌直至咖啡甘纳许变得丝滑。

将甘纳许倒在蛋糕上并将其放入冰柜中冷藏1小时使其凝固。食用前再将蛋糕脱模,搭配掼奶油和新鲜的覆盆子一起食用口感更佳。

× 坚果咖啡巧克力甘纳许免烤蛋糕 ×

Traybake sans cuisson aux figues, dattes et noix de pécan, ganache au chocolat et au café

可以制作30块小方糕/准备时间15分钟/冷冻1小时/静置1小时

这是"消化饼干甜点"系列中的另一道甜品。放入水果干、棉花糖、牛奶巧克力糖霜等等。但是，在我看来，无花果带来的牙齿间"咯吱"的声音和椰枣带来的"粘粘"的口感都是不容错过的。这是一道口感丰富又甜美的点心，总之我超爱它！

饼底

30g 消化饼干（可以用格兰诺拉麦片代替）

7～8片 柔软的无花果干

5～6个 新鲜椰枣（建议选用加州蜜枣）

120g 核桃碎

75g 无盐黄油

2汤匙 可可粉

巧克力甘纳许

200ml 鲜奶油

350g 黑巧克力

1汤匙 咖啡或咖啡粉

制作饼底。将饼干碾碎，之后将无花果干、椰枣和核桃捣碎。

将所有用来制作饼底的配料混合，倒入一个20×28×4cm的烤盘中铺开。将其放置在冰柜中冷冻1小时使其变硬。

现在准备制作巧克力甘纳许。将鲜奶油倒入平底锅中加热，将切块的巧克力和磨碎的咖啡放在一个容器中并倒入加热后的鲜奶油。静置1分钟后搅拌使其变丝滑。

将甘纳许倒在用饼干制作的饼底上，放入冰箱静置一小时使其凝固。最后，将蛋糕切成小块方形享用即可。

× 咖啡巧克力冰淇淋蛋糕 ×

Gâteau glacé au chocolat et au café, sauce fudge au chocolat

8～10人份/准备时间25分钟/烹饪时间25分钟/凝固6小时

这是一道巧克力味道浓厚的甜点，毫无疑问，糖汁的香气最吸引人。

冰淇淋

300ml 奶油

175g 炼乳

2茶匙 速溶咖啡

2汤匙 咖啡甜酒

蛋糕

225g 无盐黄油

225g 白砂糖

4个 鸡蛋

2汤匙 牛奶

225g 低筋面粉

3汤匙 可可粉

1茶匙 酵母

酱汁

150g 黑巧克力

50g 含盐黄油

250ml 鲜奶油

首先制作冰淇淋。将制作冰淇淋的所有配料放入一个容器中，并用电动打蛋器搅拌均匀直至呈慕斯状。将慕斯倒在一个可以冰冻的容器中，并放入冰箱中冷冻5～6小时。

现在开始制作蛋糕。首先将烤箱预热至180℃（6档）。准备一个边长20cm的蛋糕烤模，并在上面涂上一层黄油。接着，在一个容器中，将白砂糖和黄油混合并用电动打蛋器进行搅拌，然后加入鸡蛋、牛奶、面粉、可可粉和酵母。继续搅拌直至得到质地均匀的面糊。

将面糊倒在烤模中并放入烤箱中烤制25分钟。为了检查蛋糕是否烤好，我们将一把刀插在蛋糕中心，拔出刀时，刀身应干净无粘连。将蛋糕从烤箱中取出后，静置几分钟使蛋糕冷却，再将其脱模。

当蛋糕冷却后，将其横切为上下两片。将冰淇淋从冰箱中取出，并把它涂在其中一片蛋糕上。将另一半蛋糕放在它上面轻轻压紧，使冰淇淋完全贴合在蛋糕上。在蛋糕表面覆上一层保鲜膜，并把它放到冰箱中冷藏使其凝固。

在这个过程中，制作酱汁。将鲜奶油放入平底锅中加热至沸腾。将巧克力和黄油切成小块，放入一个容器中，将加热后的奶油倒在上面。等待1～2分钟使巧克力和黄油融化，之后搅拌均匀。

食用之前，在蛋糕上面撒上糖粉和可可粉，最后将蛋糕切块并倒上巧克力酱汁。

× 巧克力国王饼 ×

Galette des rois au chocolat et crème d'amandes à la fève tonka

---

8人份/准备时间25分钟/烹饪时间30分钟

岁末的节日总是意味着吃吃喝喝，对我来说，我有点难以接受国王饼。幸好，有那么一两种创新作法能证服我的味蕾……这个版本中，巧克力和香豆①融合得很好。但是在法国面包师贡特·歇里耶②焙坊制作的才是最清新完美的极品，他们选用荞麦和糖渍柚子表皮来制作口感更好。与其等着他们公开自己的制作方法，不如试试这份我经常制作国王饼的食谱。

巧克力卡仕达酱

250ml 全脂牛奶

3个 蛋黄

50g 白砂糖

25g 低筋面粉

1颗 香豆

125g 黑巧克力

杏仁馅

125g 杏仁粉

2个 鸡蛋

75g 无盐黄油

40g 白砂糖

饼底

2张 派皮（待用）

1个 鸡蛋

糖浆（详见228页）

注:
① 香豆是一种原产于南美北部的豆科树种的种子。
② Gontran Cherrier: 一位电视厨师兼作家。

首先制作巧克力卡仕达酱。将牛奶倒入平底锅中加热。在容器中将鸡蛋、白砂糖和面粉混合搅拌直至其变白且体积加倍。将这些放入平底锅中加热并不停地搅拌，直至奶油变稠。

接下来将巧克力放入微波炉中或隔水加热使其融化。搅拌融化后的巧克力使其变丝滑，接着加入磨碎的香豆。搅拌均匀后将融化的巧克力混入之前做好的奶油中。将其置于冰箱中冷藏，注意要在表面覆盖一层保鲜膜以免在冷藏过程中面团表面变干。

现在，制作杏仁馅。在一个容器中，将杏仁粉、鸡蛋，黄油和白砂糖混合搅拌均匀。接着将杏仁馅与之前做好的巧克力卡仕达酱混合搅拌，静置备用。

现在将烤箱预热至200℃（6～7档）。在烤盘上铺上锡箔纸，把一个事先准备好的派皮放在烤盘上。将鸡蛋轻微搅拌然后用刷子将蛋液涂在派皮上，注意边角也要刷上蛋液，同样第二个派皮也要这样处理。

将内馅铺在派皮上，注意在边上要留有1cm的空隙。在上面盖上第二张派皮然后轻微按压，使两张派皮完美地结合在一起形成国王饼。在国王饼上再用刷子涂上剩下的蛋液，接着按照自己的意愿来装饰国王饼吧（可以用抹刀在上面画十字或者在饼面上刷一层糖浆）。

将烤箱温度调至180℃(6档)，然后将国王饼放入烤箱中烤制30分钟，直至表皮金黄。从烤箱中取出后冷却5分钟就可以吃啦!

× 洋梨巧克力海绵蛋糕 ×

Génoise chocolat et poire, tout fait maison, pour les meilleurs pâtissiers

8人份/准备时间1小时30分钟/烹饪时间1小时20分钟/冷却2小时

这道甜点"满满的都是爱",所以花时间来制作吧……

巧克力海绵蛋糕

200g 黑巧克力

225g 无盐黄油

6个 鸡蛋

225g 白砂糖

水煮洋梨

6个 硬的洋梨

1个 香草荚

马斯卡彭奶霜

4个 蛋黄

4汤匙 白砂糖

150ml 玛莎拉白葡萄酒(意大利甜酒)

500g 马斯卡彭奶酪

装饰

150g 黑巧克力

5汤匙 浓缩咖啡

首先制作巧克力酱。将巧克力和黄油切成小块,放入微波炉或者隔水加热使其融化。搅拌至丝滑后静置冷却。

将烤箱预热至150℃(5档)。准备一个直径约23cm的烤模,并在上面刷上一层黄油。将蛋黄和蛋白分离。在一个容器中,将蛋黄和白砂糖搅拌均匀直至蛋液变白且体积加倍。接着加入融化的巧克力并搅拌均匀。

用电动打蛋器将蛋白打发,接着加入之前混合好的蛋黄糊。用抹刀切拌,以最大限度地保留空气。将面糊倒在烤模中,并放入烤箱中烤1小时,直至蛋糕充分膨胀。将烤好的蛋糕从烤箱中取出并静置冷却。

现在将洋梨煮沸。将洋梨削皮后放入平底锅中,并加入香草荚,盖上锅盖煮至沸腾,直至洋梨变软。煮大约20分钟,静置冷却后把洋梨取出切片。

现在制作马斯卡彭奶霜。在平底锅中倒入水后加热。在一个容器中,将蛋黄、白砂糖和一半的玛莎拉白葡萄酒混合。将容器放入装有水的平底锅中隔水加热,并搅拌5分钟直至其成为浓稠的酒香蛋黄酱。

将马斯卡彭奶酪搅拌至柔软,接着分多次加入酒香蛋黄酱直至得到柔软光滑的奶霜。将奶霜放入冰箱中冷却。

将之前做好的巧克力酱取出。把蛋糕横切成两片,将马斯卡彭奶油涂在其中一片上,然后放上洋梨和削成丝的巧克力。将另一半的蛋糕放在上面然后洒上一点咖啡和玛莎拉白葡萄酒。再涂上马斯卡彭奶霜并铺上洋梨以及巧克力。最后,在上面覆盖上另外一片蛋糕。用剩下的咖啡和玛莎拉白葡萄酒浸透蛋糕并涂上剩下的马斯卡彭奶霜。

最后将蛋糕放入冰箱中冷藏2小时(如果可以,冷藏一夜最佳)。待其冷却后就可以食用了。

× 焦糖花生杯子蛋糕 ×

Muffins au chocolat noir, glaçage au cream cheese et cacahuètes caramélisée

可制作6个杯子蛋糕/准备时间25分钟/烹饪时间10分钟

这是一次与美式糕点的完美结合!

杯子蛋糕

2汤匙 可可粉

100g 低筋面粉

50g 白砂糖

1个 鸡蛋

2汤匙 葵花油

100ml 牛奶

焦糖花生

100g 无盐花生

100g 白砂糖

糖霜

200g 糖粉

2汤匙 奶油奶酪

特殊器材

布蕾杯

烘焙纸模

首先制作杯子蛋糕。将烤箱预热至180℃(6档)。将烘焙纸模放到杯子蛋糕烤模中。

将可可粉和面粉过筛加入一个容器中,接着放入白砂糖然后搅拌均匀。在另一个容器中,将牛奶、鸡蛋和葵花油搅拌均匀,接着将其倒入混合的面粉和可可粉中。迅速搅拌以防结块,然后将其倒入烘焙纸模中。

将杯子蛋糕放入烤箱中烤10分钟直至表面膨胀并产生裂纹。将其从烤箱中取出后静置使其完全冷却。

现在制作焦糖花生。在一个平底锅中不加油,干炒花生,然后加入白砂糖,使花生裹上一层糖。关火后使花生冷却,注意不要让花生粘在一起。

现在制作糖霜。在一个容器中,将芝士奶酪和糖粉混合搅拌直至质地均匀。

最后,在杯子蛋糕上装饰上糖霜并撒上焦糖花生。现在开始享用吧!

× 啤酒焦糖巧克力华夫饼 ×

Gaufres au chocolat, crème Chantilly et sauce caramel à la Guinness®

4人份/准备时间10分钟/烹饪时间10分钟

这是一道充满奶油和巧克力香味的酥脆甜点，同时它又带有浓郁的颜色和麦芽的芳香。

225g 低筋面粉

40g 可可粉

1小袋 酵母（约5g）

100g 黑巧克力

50g 白砂糖

一小撮 盐

2个 蛋黄

400ml 牛奶（或白脱牛奶、酸乳）

125g 无盐黄油

3个 蛋白

糖汁

100g 红糖

75g 软化的无盐黄油

125ml 健力士黑啤酒

3汤匙 法式酸奶油或者马斯卡彭奶酪

首先将面粉、可可粉和酵母筛入一个容器中。然后放入切碎的巧克力、糖和盐。在另一个容器中，将蛋黄和牛奶混合搅拌均匀，接着将之前准备好的混合物倒入，在这一过程中要不停地搅拌。然后再加入黄油。如果面糊太过浓稠，可以在里面再加入一些牛奶。

在另一个容器中，倒入鸡蛋的蛋白，并用电动打蛋器打发。然后轻轻拌入面糊里。

将华夫饼机涂上一层黄油或者喷上一层油，之后加热。将面糊倒入华夫饼机中，并将其烤至外焦里嫩。注意，很可能你做出的第一批华夫饼是失败的，因为需要掌握适当的烘烤时间和温度。继续烘烤直至面糊用完。

现在开始准备糖汁。将红糖放入平底锅中加热直至轻微融化，这里不需要把红糖做成焦糖。将红糖从火上拿开后加入黄油和健力士黑啤酒。混合均匀后再加入法式酸奶油。

最后将糖汁倒在华夫饼上并静置使糖汁凝固。在享用时可以搭配掼奶油一同食用。

× 杏仁巧克力蛋糕 ×

Gâteau au chocolat, aux amandes et à l'huile d'olive

6人份/准备时间15分钟/ 烹饪时间25分钟

这是一道十分简单、口感绝佳的甜点。

150g 黑巧克力	75g 白砂糖
60ml 橄榄油	125g 杏仁粉
3个 鸡蛋	适量 盐之花

首先将烤箱预热至180℃（6档）。在一个容器中，将巧克力切碎，之后将其放入微波炉或者蒸锅中隔水加热使其融化。之后加入橄榄油并搅拌均匀。

在另一个容器中，将鸡蛋和白砂糖混合，并搅拌至颜色变白体积加倍。接着加入杏仁粉，并不停地搅拌。最后放入融化的巧克力。

准备一个直径为20cm的烤模，在上面刷上一层食用油（或者黄油）并撒上一层面粉，然后将准备好的蛋糕倒入。将蛋糕放入烤箱中烤制25分钟，蛋糕内部应保持湿软的状态。

烤好后将蛋糕从烤箱中取出，静置冷却后脱模。在蛋糕表面撒上一点盐之花，然后就尽情享用吧！

× 奥利奥松露球
佐摩卡奶昔 ×

Truffes de cookies Oreo® et cream cheese, milk-shake au moka

4人份/准备时间15分钟/冷藏1小时

这道甜点会让人想起童年，并且有一点"不健康"，但你还是会喜欢的，对不对？

摩卡奶昔	松露
750ml 全脂牛奶	250g 奥利奥饼干
125g 黑巧克力	125g 奶油奶酪
1汤匙 速溶咖啡	1汤匙 kahlua咖啡酒，或朗
4球 冰淇淋（口味根据个	姆酒、白兰地（可根据个人口
人喜好选择，巧克力、香草	味添加）
或咖啡，等等）	

首先制作摩卡奶昔。 在平底锅中倒入牛奶并加热，注意不要将牛奶煮沸。将100g巧克力和速溶咖啡倒入一个容器中，接着倒入热牛奶。搅拌均匀后将其放入冰箱中冷藏1小时。

利用这段时间，制作松露球。 将奥利奥饼干碾碎，之后放入一个容器中并与奶油奶酪一起搅拌均匀。用手将面团团成球状，也可以在外面裹一层可可粉。将做好的松露球静置备用。

享用之前， 在果汁机中倒入之前冰过的奶昔液和你挑选的冰淇淋球。全部打匀，然后倒入杯中。也可以再加上一球冰淇淋。将剩下的巧克力碎撒在奶昔上作为装饰，摩卡奶昔就大功告成啦。

最后，尽情享用摩卡奶昔和奥利奥松露球吧。

CRÈME BRÛLÉE

creamy creamy

104

· 奶油甜点 ·

Crémeux

127

× 枫糖白巧克力芝士蛋糕 ×

Cheesecake au chocolat blanc et sirop d'érable au bourbon

8～10人份/准备时间30分钟/冷却3小时

没错，就是这个！为了使奶油足够浓稠，所以不再使用吉利丁片。必须选择十分优质的白巧克力，这样的话这道甜点会更容易制作。如果你做成的芝士蛋糕太过松软而不易脱模，那就把它放到冰箱中冰冻一下之后再食用。

芝士蛋糕

70g 无盐黄油

350g 消化饼干（如果没有的话，可以选择格兰诺拉麦片代替）

150ml 鲜奶油

500g 优质白巧克力

300g 奶油奶酪

250g 马斯卡彭奶酪

糖汁

120ml 枫糖浆

2～3汤匙波本威士忌

（bourbon）

首先制作芝士蛋糕。将黄油融化，并将饼干切碎放入一个容器中。之后将融化的黄油和切碎的饼干混合。准备一个直径为25cm的底部可以拆卸的烤模，然后将之前混合好的饼干碎和黄油铺在上面。放入冰箱中冷藏备用。

将鲜奶油倒入平底锅中加热，之后将其倒在事先切碎的白巧克力上。静置1分钟后稍微搅拌一下，使其融化呈丝滑状。将得到的巧克力甘纳许放入冰箱，使其充分冷却。

当甘纳许充分冷却后，用电动打蛋器将其打发，在其中加入奶油奶酪，之后再放入马斯卡彭奶酪，充分搅拌直至奶油变浓稠。

将掼奶油铺在之前的饼干底上，并将表面抹平。将其置于冰箱中冷藏2～3小时。最后将枫糖浆和波本威士忌酒混合做成糖汁，并搭配芝士蛋糕一起享用。

香草米布丁佐
白兰地渍李子 ×

Riz au lait à la vanille,
pruneaux à l'armagnac

6人份/准备时间10分钟/
烹饪时间1小时15分钟

这是一道适合在冬日漫漫长夜品味的绝佳甜点。
暂时先忘掉奶酪吧。

400g 去核的李子	1个 香草荚
200ml 凉的浓伯爵茶①	120g 大米
150ml 雅马邑、千邑或卡	1L 全脂牛奶
尔瓦多斯等白兰地	75g 白砂糖
1块 橘子皮	

将李子放入平底锅中,并加入伯爵茶、白兰地和橘子皮。将
其煮至沸腾后调至文火继续煮30分钟直至李子被煮烂。

将烤箱预热至180℃(6档)。准备一个20×28×4cm的烤
盘并在上面涂上一层黄油。将香草荚用刀劈开以取出里
面的籽。

在一个平底锅中加入大米、牛奶、香草籽和白砂糖,之后将
其放在炉子上煮至沸腾。将这些倒在之前涂有黄油的烤盘
上,并放入烤箱中烤制45分钟直至大米变松软。

将烤好的香草米布丁搭配清凉的酒渍李子一起享用吧。

注:
① 伯爵茶是一种混有从佛手柑和其他桔类水果表皮萃取出的柑橘精油
香味的茶。

× 圣诞金橘甜酒奶冻 ×

Syllabub de Noël, compote de kumquats et d'airelles

4～6人份/准备时间20分钟/烹饪时间40分钟/静置1小时/冷藏4小时

这是一道我故乡爱尔兰的经典甜点，搭配水果的清新香甜，比传统的圣诞布丁更加怡人。十分感谢奈洁拉给予我的灵感。

果酱

200g 金橘

80g 白砂糖

250g 越橘

甜酒奶冻

2汤匙 白砂糖

1个 柠檬的果汁和皮屑

1个 橙子的果汁和皮屑

2汤匙 君度橘酒或者柑曼怡橘酒）

350ml 奶油

首先准备制作果酱。用叉子在金橘上扎几个洞，然后放入锅中。在锅中加入凉水直至没过金橘，之后将其煮至沸腾。煮沸后沥干水分，并用清水冲洗两遍以除去金橘中的苦味。

接下来，在锅中加入没过金橘的水和白砂糖再次将其煮至沸腾。在这一过程中要仔细搅拌以使白砂糖充分溶化。煮沸后调至文火慢炖。15分钟后关火并静置冷却。

将金橘从锅中取出，保留锅中的糖汁。接着将越橘放入汤汁中并煮至沸腾。沸腾后调成中火煮7～8分钟，直至越橘完全煮烂。

在煮越橘的过程中，将金橘横切然后取出里面的果核。之后将金橘和越橘混合后静置冷却，在此过程中要时不时地进行搅拌。

现在制作甜酒奶冻。在一个容器中，将白砂糖、柑橘皮屑、柠檬汁和甜烧酒混合。将白砂糖融化，并一点一点地往里面加入鲜奶油，并将其搅拌成并不太浓稠的掼奶油。

将甜酒奶冻放置在冰箱中冷藏3～4个小时，之后搭配柑橘果酱一起享用吧！

× 柠檬芝士蛋糕 ×
Cheesecake au citron

8人份/准备时间30分钟/
冷却3小时

这像一个不含巧克力的青柠派。更重要的是,它不需要开火就能制作!

70g 无盐黄油	150g 马斯卡彭奶酪
200g 消化饼干(也可以选	300g 奶油奶酪
用麦片)	150ml 鲜奶油
2个 柠檬的果汁和皮屑	
4片 吉利丁片(或1盒柠檬	
果冻粉)	

首先制作芝士蛋糕。在一个小容器中,将黄油融化,并把饼干碾碎。将融化的黄油和碾碎的饼干混合在一起。准备一个直径为25cm的底部可以拆卸的蛋糕烤模,将饼干碎铺在底部,并将其置于冰箱中冷藏。

将柠檬皮屑、柠檬汁和吉利丁片等准备材料放在平底锅中加热,使其融化以制作柠檬果冻。如果混合的食材看起来缺乏水分,那么在里面加入一些热水。

在一个容器中加入马斯卡彭奶酪和奶油奶酪,并用电动打蛋器将其搅拌。当搅拌至柔软时,在其中加入鲜奶油并大力地搅拌直至奶霜变得柔软膨胀。将之前做好的柠檬果冻与奶霜混合均匀。

将奶油果冻倒在之前冷藏的饼干层上,将表面抹平整,之后将其放入冰箱中冷藏至少3个小时直至蛋糕成形。最后再装饰上柠檬片就可以尽情地享用了。

× 肉桂希腊酸奶 ×

Yaourt grec à la cannelle, coriandre, vergeoise et chocolat

4人份/准备时间5分钟

与其说这是一道甜点，不如说是一道吃货的小零食。这是一道朋友突如其来的到访或者突然嘴馋时的私藏美味。

100g 黑巧克力	2汤匙 红糖
2茶匙 芫荽籽	400～600g 希腊酸奶
1茶匙 肉桂粉	

将巧克力切块。接着将所有的配料放入碗中并碾碎，注意不要太碎。

将这些配料的粉撒在酸奶的表面。如果你不想选用希腊酸奶，你也可以用山羊奶酪代替。

× 抹茶提拉米苏 ×

Matchamisu

8~10人份/准备时间20分钟/静置3小时

对于这道甜点，一些较有原则的人会坚持要自己制作抹茶蛋糕。我想说份食谱做出的甜点省掉了这个步骤，更简单快速，且依然美味。

3个 蛋黄

60g 白砂糖

225g 马斯卡彭奶酪

50g 糖粉

250ml 鲜奶油

1茶匙 香草精

125ml 水

50g 抹茶粉

约12块 手指饼干

首先，在一个容器中，将蛋黄和白砂糖混合打发，直至颜色变白呈慕斯状。

其次，将马斯卡彭奶酪和糖粉放在一起搅拌至融化。接着，一点一点地往里面倒入鲜奶油，再用电动打蛋器将其打发。加入香草精后搅拌均匀，最后倒入之前搅拌好的蛋黄糊。

将水倒入平底锅中加热，之后加入2/3的抹茶粉并用力搅拌。接下来待其稍微冷却后倒入一个较有深度的盘子中。

然后用之前冷却的抹茶浸湿手指饼干。准备一个20×28cm的烤盘，将浸湿的手指饼干放在上面，如果还剩有抹茶，把它淋在手指饼干上。

之后，将之前准备好的带有马斯卡彭奶酪的奶油铺在手指饼干上并将其置于冰箱中冷藏3个小时。最后，在享用之前，再撒上剩下的抹茶粉（干粉）以作装饰。

× 意式抹茶奶冻 ×

Panna cotta au thé matcha, sauce au chocolat au lait

4人份/烹饪时间5分钟/冷藏4小时

这道漂亮的甜点是一次色彩的完美碰撞，用到的抹茶粉有时是不太容易控制的。

意式奶冻

2片 吉利丁片

1个 香草荚

350ml 鲜奶油

2～3汤匙 白砂糖

100ml 牛奶

2茶匙 抹茶粉

巧克力糖汁

200ml 鲜奶油

100g 牛奶巧克力

首先制作意式奶冻。在一个装有凉水的碗中将吉利丁片浸泡几分钟，并将香草荚横着切开。

接着将香草荚和鲜奶油放入平底锅中煮至沸腾。关火后加入白砂糖，充分搅拌使白糖充分溶化。将香草荚和吉利丁片沥干水分，然后将其拌入奶油中，充分搅拌使其融化。

在一个碗中将牛奶和抹茶粉倒入。接着用打蛋器搅拌使抹茶粉在牛奶中充分溶解。之后将抹茶牛奶一点一点地倒入加热过的鲜奶油中，在这个过程中要时不时地尝一下味道。

之后将奶冻倒入高脚杯中或者倒入法式布蕾杯中，并将其置于冰箱中冷藏4小时。

现在制作糖汁。将鲜奶油倒入平底锅中加热，之后将其倒入一个装有切成块的巧克力的容器中。将其静置1分钟以使巧克力融化，之后进行搅拌。搅拌均匀后将糖汁冷却（注意不要让它凝固）。

将意式奶冻从容器中取出，之后搭配牛奶巧克力糖汁享用吧。

藏红花法式布蕾佐血橙雪酪，榛果饼干 ×

*Crème brûlée au safran, sorbet à l'orange
sanguine, cookies au beurre noisette*

4～6人份/准备时间2小时/凝固6小时/烹饪时间2小时/冷却1小时

这是一道精致优雅的甜点。这道甜品的三个组成部分一定可以碰撞出新的乐趣……

法式布蕾

250ml 全脂牛奶

一小撮 藏红花丝

10个 蛋黄

750ml 鲜奶油

100g 红糖

血橙雪酪

300ml 血橙汁

100g 白砂糖

饼干

225g 含盐黄油

200g 白砂糖

280g 低筋面粉

首先制作法式布蕾。将烤箱预热至120℃（4档）。在平底锅中倒入牛奶和藏红花，并将其煮至沸腾，之后关火静置冷却，并使藏红花在牛奶中充分浸泡入味。

在容器中，将蛋黄和白砂糖混合打发。之后在里面放入带有藏红花的牛奶和鲜奶油，充分搅拌直至奶霜均匀丝滑。将奶霜筛入4～6个法式布蕾杯中。

之后，将小蛋糕模子放在烤盘上并放入烤箱中烤制1小时30分，直至布蕾成型而有弹性。

现在制作血橙雪酪。将血橙汁和白砂糖放入平底锅中用文火加热以使白砂糖溶化，之后将糖汁静置冷却后放入冰箱中。接下来，将糖汁倒入冰淇淋机中制作冰淇淋，之后将其放入冷柜中冷冻。如果你没有冰淇淋机的话，把糖汁倒入密封的保鲜盒中，然后将其置于冰箱中冷冻至少6个小时，在此期间要用叉子每小时搅拌一次。

制作饼干。首先用小火在一个小平底锅中将黄油加热，直至其变成浅褐色。之后将黄油倒在一个碗中，然后放入冰箱中使其凝固。当黄油变硬后，将黄油和白砂糖放在一个碗中，用电动打蛋器打发。之后加入面粉并继续搅拌。

将上一步做成的面团揉成球状并在表面包一层保鲜膜。之后将面团放在冰箱里至少冷藏一个小时。

现在将烤箱预热至180℃（6档）。将面团从冰箱中取出然后把它分成小球。接下来将烤盘上铺一层锡箔纸或者硅胶垫，然后将面团放在烤盘上。注意彼此之间留有空隙。将烤盘放入烤箱中烤制10分钟直至饼干金黄。将烤好的饼干从烤箱中取出，然后在饼干表面撒上一些白砂糖。静置冷却。

在烤布蕾上撒上红糖，之后把它放在烤架上烤一小会或者用喷枪喷一下使表面形成一层焦糖。最后，搭配雪酪和饼干一起享用吧。

× 鲜奶油爱尔兰咖啡 ×
Crèmes Irish coffee

6人份/准备时间30分钟/冷却2小时

这道非常复古的甜点（其中含有吉利丁片和玉米淀粉）来自迪莉娅·史密斯[①]。我在里面加了点威士忌以使它口感更为融合。

5片 吉利丁片

4个 鸡蛋

250ml 牛奶

1茶匙 玉米淀粉

6茶匙 速溶咖啡粉

2汤匙 威士忌

200ml 法式酸奶油

150ml 鲜奶油

咖啡糖汁

175g 红糖

225ml 水

3茶匙 速溶咖啡粉

注:
① Della Smith: 英国著名美食作家、烹饪节目主持人。

首先将吉利丁片在碗中泡几分钟使其浸湿，之后将水沥干。将鸡蛋的蛋黄和蛋白分离。

接着，将牛奶倒入平底锅中并轻微加热。在一个容器中，将蛋黄和玉米淀粉混合搅拌均匀。当牛奶煮至沸腾时，搅拌着将牛奶倒入蛋黄中。

将倒有牛奶的蛋黄倒在一个平底锅中，并加入咖啡和沥干水分的吉利丁片。将平底锅放在小火上加热，不停地搅拌直至奶油变稠。之后关火将其冷却，然后再加入威士忌和鲜奶油。

用电动打蛋器将蛋白搅拌成白色糊状，然后加入之前准备好的咖啡奶霜。混合好后将得到的慕斯倒入高脚杯中，覆盖一层保鲜膜后放入冰箱中冷藏2小时。

现在制作咖啡糖汁。在平底锅中倒入水并加入红糖，文火加热15分钟直至红糖完全融化。在一个容器中用1茶匙热水将咖啡融化，然后加入之前加热的红糖糖汁中。最后，将其放入冰箱中使其完全冷却。

在咖啡奶霜上浇上一层咖啡糖汁。最后，用电动打蛋器将奶油打发，并盖在做好的咖啡奶霜上。

× 百香果奶冻 ×

Panna cotta aux fruits de la Passion

6人份/准备时间20分钟/冷却3小时

缤纷多彩的水果为洁白的奶冻带来了美丽的颜色。

4片 吉利丁片	100g 白砂糖
1个 香草荚	3个 百香果
500ml 鲜奶油	

在碗中将吉利丁片浸泡5分钟使它变软。将香草荚从中间劈开，然后将里面的籽取出。

在浸泡吉利丁片的过程中，将香草荚的籽、香草荚和鲜奶油放在平底锅中并用中火加热，注意不要将其煮至沸腾。关火后，将香草荚取出然后在里面加入白糖并充分搅拌。将吉利丁片的水沥干后放入热奶霜中，搅拌使其溶解，静置冷却。

将百香果的果肉倒在布蕾杯或者杯子的底部，然后在里面倒入奶霜。接着将其放入冰箱中冷冻至少3个小时（冷冻一夜最佳）以使奶霜冻住成型。

稍稍加热布蕾杯或玻璃杯，使奶冻脱模，然后把奶冻倒扣在盘子里。也可以跳过这个步骤，将百香果肉及果汁淋在奶冻上直接享用。

× 蜂蜜饼干佐柠檬奶霜 ×

Crèmes au citron et biscuits au miel

4人份/准备时间20分钟/冷却2小时

这是一道所有人都爱的优雅甜点。

4个 鸡蛋	300ml 鲜奶油
150g 白砂糖	6～7块 蜂蜜消化饼干（如
30g 无盐黄油	果没有的话也可以选用格
2个 柠檬的果汁和皮屑	兰诺拉麦片或者118页提
	到的饼干）

首先在一个容器中，将鸡蛋和白砂糖轻轻搅拌均匀。之后将其倒在平底锅中并加入黄油、柠檬汁和柠檬皮屑。

在另一个平底锅中加入少许水，将之前的平底锅中的配料倒在里面，然后放在火上加热直至锅中的水轻微抖动。之后将其放在蒸锅中加热15分钟，在这一过程中要不停地搅拌，直至其变浓稠并看起来像奶酱。之后将其放在冰箱中冷藏2小时。

在食用之前，将奶油用电动打蛋器打发，然后把它加在柠檬奶霜中。将做成的奶油倒在小酒杯中或者小碗中。最后将饼干弄碎撒在奶油上，或者搭配118页提到的饼干一起食用。

× 焦糖牛奶酱 ×

Caramel au lait (ou confiture de lait pour les Français !)

4～6人份/烹饪时间20分钟

制作牛奶酱有两种方法。可以将一盒炼乳隔水加热三个小时（注意不要让锅中的水分蒸发！），或者按照以下的方法制作。

2汤匙 红糖	1盒 炼乳（中等大小的盒子）
2汤匙 含盐黄油	

首先在平底锅中使红糖和黄油融化。将炼乳倒入然后加热，之后以小火炖15分钟，直至混合物变成焦糖。

将上一步中做好的焦糖倒在玻璃杯或布蕾杯中，待其冷却后食用。你也可以把它用于其他的甜点中，例如把它放在163页中提到的迷你泡芙中。

130

· 松软甜点 ·

Moelleux

167

× 胡萝卜蛋糕 ×

LE carrot cake

8人份/准备时间10分钟/烹饪时间45分钟

这是巴黎著名有机下午茶餐厅Rose Bakery——玫瑰面包坊的一道甜点的新版本。我在里面加入了少许盐和肉桂以使蛋糕变得更加松软。

蛋糕

25g 黄油

5根 胡萝卜（每根约100g）

4个 鸡蛋

225g 白砂糖

300ml 葵花油

300g 低筋面粉

1茶匙 五香粉（也可以只放肉桂粉或肉豆蔻粉）

1小袋 酵母（约5g）

150g 核桃碎

奶霜

125g 含盐黄油

250g 奶油奶酪

100g 糖粉

½茶匙 香草精

首先制作蛋糕。将烤箱预热至180℃（6档）。准备一个直径为22cm的蛋糕烤模，并在上面涂上一层黄油。将胡萝卜去皮然后切丝。

在一个容器中，将鸡蛋和白砂糖打发至变白并且体积加倍。将黄油一点一点倒入并继续搅拌几分钟。之后加入胡萝卜丝、面粉、五香粉和酵母，最后放入核桃碎，并搅拌均匀。

将面团倒入烤模中并放入烤箱中烤制45分钟。为了检查蛋糕是否烤好，我们将一把刀插在蛋糕中心，这时拔出刀身应干净无粘连。之后将蛋糕脱模并静置冷却。

现在制作糖霜。在一个容器中将所有奶霜的配料混合，之后将其搅拌均匀。最后把奶霜铺在蛋糕上就可以享用啦！

× 椰枣焦糖布丁 ×

Pudding caramélisé aux dattes

6～8人份/准备时间30分钟/
烹饪时间40分钟

这道甜点中，有一样配料在制作英国料理中是必不可少的：小苏打。但是别担心，小苏打很容易买到。

布丁

275ml 水

175g 椰枣

1茶匙 小苏打

75g 含盐黄油

80g 红糖

175g 混合有酵母的面粉

1茶匙 香草精

糖汁

500ml 鲜奶油

150g 无盐黄油

150g 红糖

首先将烤箱预热至180℃（6档）。将椰枣切碎，放入沸水中浸泡。沥干水分后加入制作布丁的其他配料，用食品料理机全部打匀，将块状椰枣打成碎末。

在烤盘上涂一层黄油，倒入面糊。将其放入烤箱中烤制40分钟，然后将烤盘取出，预热烤架。

将制作糖汁的配料倒在平底锅中并煮至沸腾。将一半的糖汁倒在布丁表面，把它放在烤架上烘烤直至表面产生气泡。

将剩下的一半糖汁搭配布丁一起享用或者如果你手边有法式酸奶油或凝脂奶油的话，也可以用来搭配布丁。

× 开心果酸奶蛋糕 ×

Gateau au yaourt miel, eau de rose et pistaches

8～10人份/准备时间20分钟/烹饪时间50分钟

我第一次吃这个蛋糕是在爱尔兰，去拜访一位很优秀的糕点师朋友时尝到的（当时我就"窃取"了制作方法）。这道甜点源自于漂亮温柔的蕾切尔·艾伦的一本书中，蕾切尔·艾伦堪称烹饪界的"小仙女"。

蛋糕

225g 低筋面粉

1茶匙 酵母

100g 白砂糖

75g 杏仁粉

2个 鸡蛋

1汤匙 液态蜂蜜

250ml 原味酸奶

150ml 葵花油

1个 青柠檬的皮屑

100g 碾碎的开心果

糖汁

150ml 水

100g 白砂糖

1～2个 青柠檬的果汁

1茶匙 玫瑰水

首先制作蛋糕。将烤箱预热至180℃（6档）。准备一个直径为20cm的蛋糕烤模，并在上面涂上一层黄油。将面粉和酵母筛入一个容器中，然后在里面加入白砂糖和杏仁粉。

在另一个容器中，将鸡蛋、蜂蜜、酸奶、葵花油和柠檬皮屑混合。搅拌均匀后将其倒入之前准备好的粉类食材中，搅拌1分钟得到质地均匀的面糊。

接着放入开心果碎，然后搅拌均匀（留一些开心果用于装饰）。将其倒入烤模中，然后放入烤箱中烤制50分钟。

在烤制过程中，制作糖汁。在平底锅中将水和糖混合，然后煮至沸腾，直至糖汁缩减为原来的一半。将糖汁冷却后加入青柠檬汁和玫瑰水。

为了检查蛋糕是否烤好，我们将一把刀插在蛋糕中心，这时拔出刀身应干净无粘连。将蛋糕从烤箱中取出并静置冷却几分钟，之后倒上之前做好的糖汁。如果你愿意的话，也可以在蛋糕上扎几个洞以使糖汁更好地渗入蛋糕中。

将烤模中的蛋糕静置冷却，直至糖汁形成一层漂亮的表面。最后，用开心果碎装饰蛋糕后就可以享用啦。

× 核桃咖啡蛋糕 ×

Gâteau au café et aux noix, glaçage à la crème au beurre

8～10人份/准备时间15分钟/烹饪时间25分钟

这是一道与维多利亚海绵蛋糕（详见139页）同一系列的经典甜点。坚果与咖啡完美结合，加上奶油糖霜使口味得到升华……

蛋糕

250g 低筋面粉

1茶匙 酵母

250g 软化含盐黄油

4个鸡蛋

250g 红糖

1汤匙 浓缩咖啡（使用速溶咖啡最方便）

适量 核桃（用于装饰）

奶油糖霜

100g 无盐黄油

200g 奶油奶酪

150g 糖粉

½茶匙 香草精

首先制作蛋糕。将烤箱预热至180℃（6档）。在一个容器中，将面粉和酵母混合。在其中加入黄油并用电动打蛋器进行搅拌，之后加入鸡蛋、红糖和咖啡。用电动打蛋器持续搅拌1分钟直至面糊光滑且质地均匀。

准备一个直径为24cm的烤模，在上面涂上一层黄油再撒上一层面粉。将准备好的面糊倒入其中，之后将蛋糕放入烤箱中烤制25分钟。当蛋糕表面金黄圆滚时，将蛋糕从烤箱中取出。使蛋糕静置几分钟后脱模，然后使蛋糕完全冷却。

在蛋糕冷却的过程中，将制作奶油糖霜的所有配料混合搅拌直至得到轻盈蓬松的奶油糖霜。

接着将蛋糕从中间横切成两片。用一半的奶油糖霜涂在一块蛋糕的里面，将第二片蛋糕像制作"三明治"那样扣在第一片蛋糕的上面，最后用剩下的奶油糖霜涂在蛋糕的表面。用核桃装饰了蛋糕之后就尽情享用吧！

× 维多利亚海绵蛋糕 ×
Victoria sponge cake

6～8人份/准备时间10分钟/烹饪时间35分钟

维多利亚海绵蛋糕是英式下午茶中最经典的一款。下午在打完一场板球或是槌球之后，吃一块维多利亚海绵蛋糕是极好的。注意，这种蛋糕可不只是简单的海绵蛋糕！这种蛋糕应该是充满黄油香味的，但是它的质地不太紧实。对于蛋糕中的夹心，你可以选择甜味掼奶油（要是能加上一些覆盆子或是草莓块就更完美了）或是奶油糖霜。当然了，覆盆子果酱是必不可少的。像平时一样，我倾向于选择含盐黄油。在这道甜点中，你可以用含盐黄油去制作奶油夹心，然后选择无盐黄油来制作蛋糕。

蛋糕

175g 低筋面粉

1茶匙 酵母

4个 中等大小的鸡蛋

175g 白砂糖

175g 软化的无盐黄油

夹心

150g 软化的含盐黄油

350g 糖粉

½茶匙 香草精

4汤匙 覆盆子果酱

首先制作蛋糕。将烤箱预热至180℃（6档）。将面粉和酵母筛入一个容器中，尽量将筛子抬高以使足够多的空气进入。将所有其他制作蛋糕的配料加入到容器中，搅拌约1分钟直至得到表面平滑质地均匀的面糊。用木匙舀面糊，面糊应该能很容易从木匙上掉落。如果面糊有一些浓稠，那么在里面加入一汤匙的牛奶然后继续搅拌使其均匀。

准备两个直径20cm高4cm的烤模，在上面涂上一层黄油并撒上一层面粉。将面糊倒入烤模中。将表面弄光滑之后将其放入烤箱中烤制30～35分钟，在这个过程中一定不要打开烤箱门。为了检查蛋糕烤的程度，用手指按压蛋糕表面，如果蛋糕能够弹起，那就说明已经烤好了。

将蛋糕从烤箱中取出，静置1分钟然后将蛋糕从烤模中取出（可以用一把小刀轻刮烤模内壁以便将蛋糕取出）。将蛋糕静置使其完全冷却。

制作夹心。在一个容器中，将黄油、糖粉和香草精混合在一起并搅拌，直至混合物质地轻盈呈霜状。将奶油糖霜涂在其中一块蛋糕上，再涂上覆盆子果酱。最后盖上另一块蛋糕，即可享用。

× 松子杏仁奶酪 ×

Gâteau aux pignons de pin amandes, citron et ricotta

8人份/准备时间20分钟/
烹饪时间1小时

这道甜点芳香松软，并且它不需要用到面粉……

225g 去皮杏仁	3个 打好的鸡蛋
50g 松子	1个 柠檬的果汁和皮屑
175g 软化的无盐黄油	1茶匙 酵母
200g 白砂糖	150g 里科塔奶酪

首先将烤箱预热至160℃（5～6档）。准备一个底部可拆卸的直径为22cm的烤模，并在上面涂上一层黄油并撒上一层面粉。

将杏仁和松子放入平底锅中干炒，或者它们放在铺了锡箔纸的烤架上，再放在烤箱中烧烤。静置冷却后，用食品料理机将其搅碎。

在一个容器中，将黄油和白砂糖混合，然后用电动打蛋器搅拌，直至其变白并且体积加倍。

在搅拌好的面糊中加入打碎的杏仁和松子。搅拌均匀。之后一点一点地加入鸡蛋、柠檬汁和柠檬皮屑，最后加入酵母。将预先准备好的里科塔奶酪加入其中并轻微搅拌。

接着，将混合好的面糊倒在烤模中，然后放入烤箱中烤制50分钟至1小时。从烤箱中取出后，将蛋糕静置使其完全冷却后脱模。

× 蜂蜜椰枣蛋糕佐威士忌糖霜 ×

Cake aux dattes bananes et miel, glaçage au whisky

8人份/准备时间10分钟/烹饪时间1小时/静置1小时

这是口感丰富的"成人版"蛋糕，品味丰厚柔软的蛋糕通常被视为次等的、适合孩子们在野餐盒中的甜点。如果你喜欢的话，也可以用柠檬朗姆酒糖霜替代威士忌糖霜。

蛋糕

120g 去核的椰枣（建议选用 Medjool品种）

300g 成熟的香蕉

225g 低筋面粉

100g 黑糖

175g 软化的含盐黄油

3汤匙 液态蜂蜜

2个 打好的鸡蛋

糖霜

50g 黄油

200g 糖粉

1茶匙 香草精

30~50ml 波本威士忌

首先制作蛋糕。将烤箱预热至160℃(5~6档)。准备一个中等大小的烤模，在烤模上涂上一层黄油再撒上一层面粉。之后将椰枣切成小块，将香蕉去皮然后用叉子碾碎。

在一个容器中，将面粉和白砂糖混合。然后加入软化黄油、蜂蜜和鸡蛋，搅拌2~3分钟直至面糊质地均匀。之后在里面加入椰枣和香蕉并搅拌均匀。

将面糊倒入烤模中，然后放入烤箱中烤1小时。为了检查蛋糕是否烤好，我们将一把刀插在蛋糕中心，拔出时刀身应该无粘连。将蛋糕从烤箱中取出，静置冷却，现在开始准备制作糖霜。

将融化的黄油倒入装有糖粉和香草精的容器中。将这些配料搅拌均匀之后倒入威士忌，使糖霜变浓稠。

先不将蛋糕脱模，将糖霜覆盖在蛋糕表面，使糖霜浸透入味。当蛋糕冷却并且糖霜变硬时，就可以享用啦。

× 天使蛋糕 ×
Angel cake

6～8人份/准备时间20分钟/烹饪时间40分钟

这是一道来自于美国的甜点，我在这里介绍的是最传统的做法。为了做出这种质地松软的的海绵蛋糕，你必须找到塔塔粉（可以在专门卖糕点用品的商店或者在网上找到）。

6个 蛋白

一小撮 盐

1汤匙 柠檬汁

1茶匙 塔塔粉

150g 白砂糖

1茶匙 香草精

60g 低筋面粉

准备一个直径为22cm高4cm的圆形烤模，并铺上一层锡箔纸。注意，不要在烤模上涂黄油也不要使用硅胶垫，否则蛋糕可能无法膨高，因为面糊很难粘在烤模的内壁上。

将烤箱预热至190℃（6～7档）。用电动打蛋器将蛋白、一小撮盐和几滴柠檬汁搅拌在一起，直至其产生气泡并且不那么紧致。

加入用电动打蛋器搅拌塔塔粉，再次打发至蛋白霜能附着于搅拌器上的程度。慢慢加入白糖，再继续搅拌2分钟，接着倒入香草精并搅拌均匀。

当蛋白开始变得明亮紧致时，将面粉筛入，并用一把大汤匙或者刮刀将其一点一点地搅拌均匀。以切拌的方式，将蛋白霜和面粉充分拌匀。

将面糊倒入烤模中，然后放入烤箱中烤制35～40分钟。蛋糕的表面应该金黄且有弹性（用手指按压蛋糕，蛋糕的表面应该会回弹成原状）。

将蛋糕从烤箱中取出，然后用一把小刀轻刮内壁使其容易脱模。将蛋糕倒扣在盘子中冷却10分钟后，再将烤模拿起。

在享用这款蛋糕时，可以搭配菠萝、红色的新鲜水果或果泥掼奶油一起食用。

× 橙香可丽饼 ×
Crêpes Suzette

6人份/准备时间15分钟/烹饪时间15分钟

人生中至少要演讲一次的甜点！也可以不制作糖汁，这样味道更加浓郁。

可丽饼

120g 低筋面粉

1汤匙 白砂糖

2个 鸡蛋

200ml 全脂牛奶

1个 橙子的皮屑

50g 软化的无盐黄油

糖汁

3~4个 橙子的果汁（约150ml）

1个 橙子的皮屑

1个 柠檬的皮屑

1汤匙 白砂糖

50g 含盐黄油

3汤匙 柑曼怡橙酒或君度橘酒

首先制作可丽饼面糊。将面粉筛入一个容器中。在容器中加入白砂糖后，在中间挖一个坑并倒入打散的鸡蛋。用电动打蛋器慢慢地将其搅拌均匀。

接着在里面一点一点地加入牛奶，并不停地搅拌直至面糊变得光滑。最后在面糊中放入橙子皮屑和黄油（要留一些黄油以备之后烤可丽饼时使用）。

将平底锅加热，然后在上面涂上一层黄油。将一大匙面糊倒在锅中，旋转平底锅使面糊平摊在锅上。当可丽饼饼边开始变为金黄时，将饼翻面。当另一面的饼边开始变至金黄时，把饼从锅中倒入盘子中，然后放置使其冷却。之后重复刚才的步骤制作其他的可丽饼（你应该可以制作将近12张可丽饼）。

现在制作糖汁。将黄油放入锅中稍微加热，然后倒入其他的配料（如果必要的话可以加入酒），并用一把木匙不停地搅拌。使糖汁受热，当糖汁微沸，将第一张可丽饼放入糖汁中加热。

将可丽饼对折再对折，呈扇形。将可丽饼放在锅边，然后剩下的可丽饼也照这样处理直至所有的可丽饼都浸泡在糖汁中。现在，即可享用啦。

如果你喜欢的话，可以在吃之前将好酒入锅，炙烤一下可丽饼。

× 美式松饼 ×

Fluffy pancakes à l'américaine

可以制作约10张松饼/准备时间5分钟/
静置20分钟/烹饪时间15分钟

这是一道周末早晨和翌日派对的甜点。来好好学
学吧!

150g 低筋面粉	2个 打好的鸡蛋
1茶匙 酵母	70g 软化的无盐黄油
2汤匙 白砂糖	适量 黄油(用于烙松饼)
300ml 白脱牛奶	适量 枫糖浆

将所有的配料混合在一个容器中,然后用电动打蛋器搅
拌至面糊表面光滑。将面糊静置20分钟。

在锅中倒入一点黄油并轻微加热。接着,在锅中倒入一点
面糊,不要铺得太平,使松饼能轻微膨起。当煎饼表面
起泡时,将松饼翻面并将另一面煎至金黄。重复这一步
骤直至面糊用完。

最后,搭配枫糖浆趁热吃吧!

× 威士忌焦糖可颂 ×

Croissants perdus au caramel et au bourbon

4人份/准备时间20分钟/静置10分钟/烹饪
时间20分钟

这是奈洁拉的一道十分经典的甜点, 它和我的糖
汁进行了重新组合。这道甜点完美利用了礼拜天
早午餐后被吃剩的可颂。如果没有信心自己制作
焦糖酱汁, 那么你可以准备点糖和香草奶油酱,
将其加热, 融化2汤匙现成的咸味焦糖奶油酱。

3个 吃剩的可颂	3个 打好的鸡蛋
125g 白砂糖	2汤匙 波本威士忌或朗
2汤匙 水	姆酒(可以根据个人口味
250ml 奶油	添加)

将烤箱预热至180℃(6档)。将可颂撕成小块并放在一个
20×28cm的烤盘中(或者其他可以放入烤箱的盘子中)。

在一个平底锅中, 将白砂糖和水混合。之后将平底锅放
在火上加热使白砂糖溶化, 接着换中火加热以做成带有
美丽色泽的焦糖。在另一个平底锅中, 加热奶油。之后,
将焦糖从火上拿开, 并倒入加热好的奶油。

将之前做好的带有奶油的焦糖冷却以防鸡蛋倒入后结
块。冷却后, 加入鸡蛋并充分搅拌。这时, 你可以根据自
己意愿加入波本威士忌或者朗姆酒。

将做好的奶油酱倒在撕成块的可颂上, 然后静置10分钟
使其渗入。在上面撒上白砂糖之后, 放入烤箱中烤制20
分钟。最后, 趁热或者待其冷却之后享用。

× 奶油布里欧修 ×

Brioche perdue façon Cyril Lignac

4人份/准备时间10分钟/
烹饪时间10分钟

如你所期待的，这是一款金黄松软、可口诱人的
奶油布里欧修……

3个 鸡蛋	适量 糖粉
200ml 全脂牛奶	适量 咸味焦糖奶油酱（详
4片 布里欧修	见20页）或带焦糖的梨或
50g 含盐黄油	苹果（详见178页）

在一个容器中或者在一个有深度的盘子中，将鸡蛋和牛
奶混合并搅拌均匀。

用之前做好的鸡蛋和牛奶的混合物将布里欧修浸湿。

在一个平底锅中将黄油加热，然后将布里欧修放入平底
锅中，每面都要煎几分钟。在煎的过程中，可以在上面撒
一些糖粉以使表面轻微形成一层焦糖。

搭配咸味焦糖奶油酱或者带焦糖的梨和苹果来享用吧。

× 华夫饼 ×

这里提供两种不容错过的华夫饼。至于糖汁和装饰部分，就要靠作为"吃货"的你自由发挥啦！

比利时华夫饼
Gaufres belges

4人份/准备时间10分钟/烹饪时间10分钟

4个 鸡蛋

250g 白砂糖

250g 低筋面粉

250g 软化的无盐黄油

首先将蛋黄和蛋白分离。在一个容器中，将白砂糖、面粉、软化的黄油和蛋黄混合搅拌均匀。在另一个容器中，用电动打蛋器将蛋白打发，接着直接在里面加入之前搅拌均匀的面糊。

在制作华夫饼的机器上涂上一层黄油，然后将其加热。将一点面糊倒在机器上，然后把机器盖上烤制几分钟，直至华夫饼变为金黄色。按照这个步骤制作华夫饼直至面糊用完。

美式牛奶华夫饼
Gaufres au lait ribot à l'américaine

4人份/准备时间5分钟/烹饪时间10分钟

250g 低筋面粉

70g 红糖

½茶匙 酵母

½茶匙 肉桂粉

½茶匙 细盐

4个 鸡蛋

125g 软化的无盐黄油

400ml 白脱牛奶

首先，在一个容器中将面粉、红糖、酵母、肉桂粉和盐混合。在中间挖一个洞然后倒入打好的鸡蛋、黄油和牛奶。接着，用电动打蛋器一点一点地将其搅拌均匀。

在制作华夫饼的机器上涂上一层黄油，然后将其加热。按照制作比利时华夫饼的方法制作美式牛奶华夫饼吧。

× 威士忌果酱吐司 ×

Pain perdu à la marmelade et au whisky

4～6人份/准备时间10分钟/烹饪时间45分钟

这是一道提神醒脑的甜点，感觉就像是在火炉边吃一块带果酱的吐司。

8片 之前剩余的吐司片

50g 含盐黄油

1罐 香橙果酱

1个 香草荚

500ml 鲜奶油

4汤匙 白砂糖

2汤匙 威士忌

4个 鸡蛋

1汤匙 糖粉

在吐司片的两面都涂上黄油。香橙果酱涂在吐司片的一面上，然后将另一片吐司片盖在上面来做成4个三明治。将做成的三明治放在烤盘上。

将香草荚从中间劈开，然后用小刀取出里面的籽。

在一个容器中，将奶油、白砂糖、香草籽、威士忌和鸡蛋混合均匀。将得到的奶霜倒在面包上，然后静置15分钟。

将烤箱预热至180℃（6档）。在三明治表面撒上一层糖粉后，将三明治放入烤箱中烤制45分钟，直至三明治表面呈焦糖色。

× 花生酱果冻吐司 ×

Pain perdu au beurre de cacahuètes et à la gelée

4～6人份/准备时间10分钟/
静置15分钟/烹饪时间45分钟

这是一道连猫王都会喜欢的甜点!

8片 剩余的吐司	500ml 鲜奶油
4汤匙 花生酱	4汤匙 白砂糖
4汤匙 含盐黄油	4个 鸡蛋
4汤匙 黑加仑果冻(或者樱桃、醋枣或覆盆子果冻)	1汤匙 糖粉

将吐司片的一面涂上花生酱,另一面涂上含盐黄油。接着,在吐司片涂有黄油的一面涂上果酱,然后将剩下的一片吐司片盖在上面来做成4个三明治。将它们放在烤盘中。

在一个容器中,将奶油和白砂糖、鸡蛋混合均匀。将混合而成的奶酱倒在吐司片上然后静置15分钟。

将烤箱预热至180℃(6档)。在吐司片表面撒上一层糖粉,之后放入烤箱中烤制45分钟,直至三明治表面呈焦糖色。

× 三奶蛋糕 ×

Tres leches cake

8～10人份/准备时间20分钟/烹饪时间35分钟/静置40分钟

这是一种源自于拉丁美洲的蛋糕，它浸泡在三种牛奶中并且含有奶油。总之，这就是一场美梦。

蛋糕

130g 低筋面粉

2茶匙 酵母

5个 鸡蛋

200g 白砂糖

80ml 牛奶

1茶匙 香草精

250ml 无糖炼乳

250ml 炼乳

65ml 鲜奶油

装饰

350ml 鲜奶油

2汤匙 糖粉

适量 酒渍樱桃

首先制作蛋糕。将烤箱预热至180℃（6档）。准备一个23×28cm的烤盘并在上面涂上一层黄油。在一个大容器中，将面粉和酵母混合。接着，将鸡蛋的蛋黄和蛋白分离。

在另一个容器中，将蛋黄和150g白砂糖混合并打发至变白且体积加倍。在搅拌好的蛋糊中加入牛奶和香草精，然后搅拌均匀。将做好的蛋糊倒在面粉中并轻微搅拌使面糊整体光滑。

用电动打蛋器将蛋白打发，然后在里面倒入剩下的白砂糖。继续搅拌直至得到雪白紧致的蛋白霜。接着将之前准备好的面糊直接倒在里面并混合均匀，并用抹刀将里面的结块碾碎。

将面糊倒在之前涂有黄油的烤盘中，然后放入烤箱中烤35分钟。为了检查蛋糕是否烤好，我们将一把刀插在蛋糕中心，这时拔出刀身应该干净无粘连。当蛋糕烤好后，将其从烤箱中取出并静置使其轻微冷却，然后将蛋糕脱模并放在一个长方形的盘子中，小心不要使边缘变形静置使其完全冷却。

接下来在一个容器中将含糖炼乳、无糖炼乳和鲜奶油混合。用叉子在蛋糕表面扎几个洞，淋上炼乳奶油。静置30～40分钟使蛋糕一点一点将淋酱吸收。

制作装饰蛋糕的糖霜。首先用电动打蛋器将糖粉和奶油打发，然后将其铺在蛋糕表面。之后，将蛋糕放入冰箱中冷藏。最后，用事先准备好的酒渍樱桃装饰蛋糕（装饰是必须的！），然后就可以享用啦！

× 迷你焦糖泡芙 ×

Minichoux au caramel à tremper dans leur crème au mascarpone

可以制作约30个迷你泡芙/准备时间25分钟/烹饪时间25分钟

这份食谱选择以沾汲的方式替代为每个小泡芙填入奶霜的步骤，可以省下不少麻烦。

泡芙

100ml 牛奶

100ml 水

90g 无盐黄油

一小撮 盐

一小撮 白砂糖

110g 过筛的低筋面粉

4个 打好的鸡蛋

焦糖

200g 白砂糖

3汤匙 水

掼奶油

250ml 鲜奶油

2汤匙 马斯卡彭奶酪

1汤匙 糖粉

将烤箱预热至210℃（7档）。现在准备制作泡芙。在平底锅中，将牛奶、水、黄油、盐和白砂糖混合。将其煮至沸腾后转小火再煮大约20秒。将面粉一次性倒入然后用木匙快速搅拌。一开始面糊可能会浓稠结块，不要担心这是正常现象。在火上继续搅拌直至面糊不再粘锅。

将面糊静置冷却几分钟，然后一个一个地往里面加入鸡蛋，在这一过程中要持续搅拌（如果你的肘关节累了，你也可以用电动打蛋器搅拌）。因为鸡蛋有大有小，所以为了检查面糊的质地你可以将手指插入其中，如果手指留下的痕迹很快就消失，那么面糊就做好了，可以不用再往里面加入鸡蛋了。

将锡箔纸铺在烤盘或硅胶垫上。接着，用小勺将面糊一点一点地舀在烤盘上面，并且彼此之间要留有3cm的空隙。

如果你希望泡芙光滑发亮，那么可以在烤制之前将手指沾湿，轻轻将水汽沾在泡芙表面。将泡芙放入烤箱中烤25分钟直至泡芙膨胀，表面金黄。接着将泡芙从烤箱中取出然后放在烤架上冷却。

现在制作焦糖。在平底锅中，将白砂糖和水混合，然后把锅放在火上加热以使白砂糖溶化。接着调至中火加热直至形成焦糖并且呈棕褐色。

当焦糖变为金黄色时，将平底锅从火上拿开并迅速将焦糖倒在泡芙上。将带有焦糖的泡芙放在铺有锡箔纸的烤盘或者硅胶垫上冷却凝固。

将马斯卡彭奶酪用电动打蛋器搅拌，接着加入糖粉制作掼奶油。最后，蘸着奶油来享用迷你泡芙吧！

× 精灵蛋糕 ×

Fairy cakes

可以制作约12个蛋糕/准备时间5分钟/烹饪时间15分钟

不要叫它杯子蛋糕哦……

巧克力精灵蛋糕

125g 无盐黄油

125g 白砂糖

3个 鸡蛋

100g 低筋面粉

½茶匙 酵母

30g 可可粉

原味精灵蛋糕

125g 无盐黄油

125g 白砂糖

3个 鸡蛋

100g 低筋面粉

½茶匙 酵母

1茶匙 香草精

奶霜

150g 无盐黄油

250g 糖粉

50g 可可粉（巧克力品味）或

½茶匙 香草精（原味）

特殊器材

烘焙纸模

杯子蛋糕烤模

首先制作奶霜。在一个容器中，用电动打蛋器将黄油和糖粉混合均匀，直至呈奶霜状，接着在里面加入可可粉或者香草精。如果你想要同时制作这两种奶霜，那么将之前做好的奶霜一分为二，在其中一半中加入可可粉，在另一半中加入香草精。

烤箱预热至180℃（6档）。将烘焙纸模放到杯子蛋糕烤模中。

现在准备制作精灵蛋糕。在一个容器中，用电动打蛋器将黄油和白砂糖搅拌均匀，之后加入鸡蛋、面粉、酵母。如果你想要制作巧克力精灵蛋糕，那就再加入可可粉，如果你想要制作原味精灵蛋糕，那就再加入香草精。接着将其搅拌均匀。

将之前准备好的面糊倒至烤模一半的位置，接着将其放入烤箱中烤制15分钟直至纸杯蛋糕膨胀变硬。将烤好的蛋糕从烤箱中取出，然后将其稍微冷却。

最后，用刮刀或者挤花袋在纸杯蛋糕上装饰上黄油。现在就可以吃啦!

红味噌奶霜

Crème au miso rouge

可制作4个杯子蛋糕/准备时间3分钟

120g 软化的无盐黄油

1汤匙 红味噌

100g 糖粉

½茶匙 香草精

½茶匙 柠檬皮屑

在一个容器中，将所有的配料混合并用电动打蛋器搅拌均匀。搅拌得到的奶油应该表面光滑且质地均匀。你可以用这种奶霜来装饰精灵蛋糕。

× 白兰地柠檬蛋糕 ×

Gâteau au citron et au cognac

8～10人份/准备时间10分钟/
烹饪时间35分钟

白兰地为这种口感紧致的蛋糕带来无法抵挡的诱
惑。如果搭配柠檬蛋黄酱，那口感真是绝了！

蛋糕

100g 软化的含盐黄油

175g 白砂糖

175g 低筋面粉

1茶匙 酵母

2个 鸡蛋

3汤匙 全脂牛奶

1汤匙 白兰地

糖霜

125g 白砂糖

2个 柠檬的果汁

首先制作蛋糕。将烤箱预热至180℃（6档）。在一个容器
中，将黄油和白砂糖混合并搅拌均匀，之后在里面加入
面粉、酵母、鸡蛋和牛奶，最后倒入白兰地。用电动打蛋
器将其搅拌一分钟，直至得到质地均匀的奶霜。

**准备一个蛋糕模子并在上面涂上一层黄油并撒上一层面
粉**，接着将之前制作好的奶霜倒进去。将其放入烤箱中
烤制35分钟，直至蛋糕表面紧致金黄。为了检查蛋糕是
否烤好，我们将一把刀插在蛋糕中心，这时拔出刀身应
该干净无粘连。之后将蛋糕从烤箱中取出。

现在制作糖霜。将白砂糖和柠檬汁混合，之后将得到的
糖汁淋在蛋糕表面。注意，要趁着蛋糕还热着淋上糖
霜！然后将蛋糕静置冷却，当表面的糖汁完全变干后，将
蛋糕脱模即可食用。

170
201

·水果甜点·

Fruité

× 黑莓苹果蛋糕 ×

Shortcake aux mûres et aux pommes

6～8人份/准备时间25分钟/烹饪时间35分钟

安心又提神，是秋日散步后最完美的选择。

蛋糕

150g 冰的无盐黄油

300g 低筋面粉

1茶匙 酵母

100g 白砂糖

75ml 白脱牛奶

1个 鸡蛋

内馅

3个 略带酸度、口感较硬的
苹果

250g 黑莓

300ml 鲜奶油

适量 糖粉（用于装饰）

首先制作蛋糕。将烤箱预热至180℃（6档）。然后将黄油切成。

将面粉、酵母和黄油倒在一个容器中，然后用电动打蛋器进行搅拌直至呈面包屑状。接着在里面加入白砂糖。在面粉中间挖一个小洞然后倒入牛奶和打好的鸡蛋。用手将面团轻轻地揉一下（不要太用力！），直至面团变得有点黏稠。

在面团表面撒一些面粉，然后揉上约一分钟。接着准备一个直径为18～20cm大小的蛋糕烤模，在上面涂上一层黄油后将揉好的面团放入烤模中。之后，将其放入烤箱中烤制30～35分钟，直至金黄。

在烤制的过程中，制作果酱。首先将苹果去皮去籽后切成小块。在一个平底锅中倒入一点水，放入白砂糖并煮至沸腾。将苹果放入沸水中直至变软水分蒸发。接着，在里面加入黑莓并轻轻压碎。静置冷却。

在这段时间里，用电动打蛋器将奶油打发。

将烤好的蛋糕从中间横切开，然后将掼奶油抹在切开的截面上，接着摆上水果，最后在上面盖上另一片蛋糕。在蛋糕上撒上一层糖粉就可以享用了。

× 柑橘蛋糕 ×

Gâteau succulent aux clémentines

10人份/准备时间2小时15分钟/烹饪时间1小时

这又是一道风靡全世界的甜点，当我们提及大厨Yotam Ottolenghi和地中海料理时，就会想起它带有的玫瑰和柑橘香气。在这里我向你介绍的是这道甜点的传统做法，当然啦你也可以根据自己的需要在里面加入开心果、石榴，或者其他糖霜……

蛋糕

1~2个 较小的柑橘

6个 鸡蛋

250g 白砂糖

250g 烘焙用杏仁粉

1茶匙 酵母

适量 玫瑰花瓣/开心果（用于装饰，可根据个人喜好添加）

糖霜

1个 柠檬的果汁和皮屑

2汤匙 白砂糖

首先制作蛋糕。在一个大平底锅中加入水并煮至沸腾，将柑橘放入沸水中煮2小时。在煮的过程中根据情况补水。之后将水果中的水分沥干并静置冷却，接着用搅拌机将其搅成果泥。

将烤箱预热至190℃（6~7档）。在一个容器中将鸡蛋打散，在里面加入柑橘果泥，接着放入杏仁粉和酵母，搅拌均匀后倒入一个直径为22cm的烤模中。

将蛋糕放入烤箱中烤大约1小时。为了检查蛋糕是否烤好，我们将一把刀插在蛋糕中心，这时拔出刀身应该干净无粘连。将烤好的蛋糕从烤箱中取出并静置使其轻微冷却。

在这段时间里，制作糖霜。将柠檬片、柠檬汁和白砂糖混合均匀并倒在还热着的蛋糕上，之后将其静置冷却使糖汁变干并在蛋糕上形成一层漂亮的表面。

你也可以用玫瑰花瓣或者开心果对蛋糕进行装饰。

× 伊顿麦斯 ×

Eton mess à la rose, fraise et rhubarbe rôtie

6人份/准备时间10分钟/烹饪时间20分钟/
静置2小时

烤大黄会带给人强烈的食欲，同时它也能保持原
来的形状。

250g 大黄	350ml 鲜奶油
2汤匙 红糖	2汤匙 马斯卡彭奶酪
2汤匙 鲜榨橙汁	6个 蛋白饼（请参考31页食
200g 草莓	谱或使用现成食材）
几滴 玫瑰水	

首先将烤箱预热至180℃（6档）。将大黄清洗后切成大
约4cm长的小块。把大黄摆在烤盘上，接着在上面撒上
红糖和橙汁。

将烤盘放入烤箱中烤大约20分钟，直至大黄变软但不至
于变形。

在烤制大黄的这段时间里，将草莓清洗干净，去蒂并切
成片。将烤好的大黄从烤箱中取出，待其略微冷却后在
烤盘上放上切好的草莓片。将热着的大黄和它在烤制过
程中渗出的汤汁和草莓混合，接着在里面加入玫瑰水。
如果你觉着水果有些过酸的话，也可以在里面再加入红
糖。接着将其静置2小时。

用电动打蛋器将马斯卡彭奶酪打发。将蛋白饼切成小块
后迅速与之前处理好的水果混合并搅拌均匀。将搅拌
均匀的这些食材盛出，放在一个盘子中，在上面撒上果
汁，最后再在上面涂上掼奶油就可以食用啦。

芒果百香果帕芙洛娃蛋糕 ×

Pavlova aux fruits de la Passion et à la mangue

8～10人份/准备时间10分钟/烹饪时间45分钟

没有什么比百香果的酸甜口感和芒果的怡人滋味更能匹配这道梦幻甜点了!

蛋白霜

4个 常温下的蛋白

250g 白砂糖

1茶匙 白酒醋

½茶匙 香草精

2茶匙 玉米淀粉

涂层

1个 成熟的芒果

2～3个 百香果

300ml 鲜奶油

3汤匙 马斯卡彭奶酪

首先制作蛋白霜。将烤箱预热至180℃（6档）。在一个容器中，用电动打蛋器将蛋白打发，但是不要过于浓稠。接着分次加入白砂糖。

当白砂糖完全融化在蛋白霜中并且变得富有光泽时，在里面加入白酒醋、香草精和玉米淀粉，之后搅拌均匀。

将面糊倒入一个铺有锡箔纸或者硅胶垫（此时用硅胶垫比较方便）的圆形烤模上。将面糊放入烤箱中烤45分钟，之后将烤箱电源关闭，打开烤箱门使其完全冷却。

现在准备蛋糕上的涂层。首先将百香果的果肉取出，将果肉过滤以便去除里面的果核。接着给芒果去皮，并切成小块。在一个容器中，用电动打蛋器将马斯卡彭奶酪和鲜奶油打成掼奶油。

最后，将掼奶油涂在蛋白霜，再在上面撒上混合好的芒果和百香果，现在就可以享用啦。

烤苹果酥

Crumble aux pommes, sirop d'érable, lardons caramélisés et crème anglaise au laurier

6人份/准备时间20分钟/烹饪时间45分钟

所有的配料在这道甜点中都搭配得如此和谐！我曾经尝试将肉丁直接倒入苹果酥中，但结果并不如在最后将焦糖肉丁撒在苹果酥上那样好吃。那样做出的苹果酥是如此的松软可口。如果你家没有一个可以直接放进烤箱铸铁平底锅的话，那么事先在传统的平底锅中将苹果煮好，然后在一个烤盘上制作苹果酥。

焦糖苹果

8～10个 苹果（视烤盘容量而定）

75g 无盐黄油

2汤匙 白砂糖

3汤匙 枫糖浆

奶酥

225g 低筋面粉

100g 白砂糖

175g 冰的含盐黄油

月桂香草酱

200ml 全脂牛奶

300ml 鲜奶油

1个 香草荚

1片 新鲜月桂叶

5个 蛋黄

100g 白砂糖

焦糖肉丁

120g 肉丁

2汤匙 白砂糖

将烤箱预热至180℃（6档）。现在制作焦糖苹果。将苹果去皮去核后切成小块。在一个铸铁的长柄平底锅中，将黄油加热融化，然后在里面放入苹果。煮制大约一分钟后，在里面撒入白砂糖。当锅中的苹果略带焦糖时，倒入枫糖浆然后充分搅拌。煮制2分钟后，将苹果从火上拿开。

现在制作苹果酥。在一个碗中，将白砂糖、面粉和切成块的黄油混合，然后将它们搅拌成细屑状，接着将其铺在苹果上并放入烤箱中烤45分钟。

在烤制奶酥的过程中，制作月桂香草酱。在一个平底锅中，将牛奶、奶油、剖开的香草荚和月桂叶煮至沸腾。接着，在一个大的容器中，将蛋黄和白砂糖混合搅拌至蛋糊变白并且体积加倍。将平底锅中的混合物倒在蛋糊中并用一把木匙不停地搅拌，搅拌均匀后将其倒回平底锅中。在火上轻微加热直至奶油变稠，在这一过程中要用木匙不停地搅拌。用手指在奶油中搅拌，如果手指能在奶油中留下痕迹，那么说明奶油做好了。立即关火，然后将做好的奶油倒在一个凉的容器中放凉。你可以在食用的时候再将月桂和香草荚取出。

在食用苹果酥前的10分钟左右，制作焦糖肉丁。首先将长柄平底锅加热，然后在里面加入肉丁，当肉丁开始变至金黄时，在里面撒入白砂糖。这时白砂糖会在肉丁中溶化，然后使所有的肉丁都粘上焦糖。

当苹果酥表面金黄时，将其取出。将做好的焦糖肉丁撒在苹果酥上并搭配月桂香草酱食用。如果你想给这道热热的甜点增添一丝凉意，也可以搭配一个香草冰淇淋球来享用。

× 蜜桃克拉芙缇&迷迭香牛奶雪酪 ×

Clafoutis aux pêches de vigne sorbet au lait ribot et sucre au romarin

6~8人份/准备时间15分钟/烹饪时间45分钟/冰淇淋机搅拌1小时

关于这道甜点，我到处偷来了一些点子：三星主厨艾瑞克·费雄的杏仁粉和美国朋友的白脱牛奶，来减轻身体负担。在这道甜点中，我选择我特别喜欢的有夏日香气且口感细腻的蜜桃和迷迭香结合在一起，当然你也可以选择别的水果，例如覆盆子、杏、李子、蓝莓、樱桃等。

克拉芙缇

100g 杏仁粉

6~8个 蜜桃（视大小而定）

1个 香草荚

2个 鸡蛋

2个 蛋黄

100g 白砂糖

20g 玉米淀粉

150ml 白脱牛奶

150ml 全脂牛奶

白脱牛奶雪酪

75g 白砂糖

75ml 水

250ml 白脱牛奶

1茶匙 香草精

迷迭香糖粉

5汤匙 白砂糖

1茶匙 新鲜的迷迭香

首先制作克拉芙缇。将烤箱预热至180℃（6档）。在一个烤模中撒上杏仁粉。然后将蜜桃放入装有开水的平底锅中浸泡几秒钟，然后沥干水分。将蜜桃切成小块。接着将蜜桃粘上剩下的杏仁粉并把它们一个一个地放在烤模中。

将香草荚用刀劈开并取出里面的香草籽。用电动打蛋器将所有的鸡蛋和白砂糖以及玉米淀粉混合并搅拌，直至得到洁白光滑的面糊。接着在面糊中加入白脱牛奶、全脂牛奶和香草籽。

将面糊轻轻倒在蜜桃上，避免蜜桃移动幅度太大。然后将其放入烤箱中烤45分钟直至克拉芙缇金黄、膨胀。

在烤制克拉芙缇的过程中，制作雪酪。在一个平底锅中，将白砂糖和水混合，然后加热至白砂糖融化，静置冷却。在糖汁中混入牛奶，搅拌至奶霜状。接着在里面加入香草精，然后将所有的这些倒入雪糕机中，当雪酪做好时即可享用。

制作迷迭香糖粉，在搅拌机中将白砂糖和迷迭香制成粉末。

当克拉芙缇烤好时，将其从烤箱中取出静置冷却。最后在克拉芙缇上撒上一层迷迭香糖粉然后搭配牛奶雪酪食用即可。

× 柚香姜味提拉米苏 ×

Tiramisu à l'ananas, gingembre et yuzu, crème Chantilly

8~10人份/准备时间30分钟/冷却2小时

在我家，我们称这道甜点为"贝蒂的小零食"——贝蒂是我的姑姑，她今年92岁了。在这道甜点中包含了20世纪70年代制作爱尔兰布丁的全部食材：掼奶油、咸饼干碎、酸味水果、巧克力碎……只需要在30分钟之内就可以做好这道甜点！这道甜点里我加入了柚子、姜以及对我亲爱的姑姑满满的爱。

350g 姜饼	1汤匙 柚子汁
50g 含盐黄油	350ml 鲜奶油
400g 新鲜的菠萝（或菠萝罐头）	2汤匙 马斯卡彭奶酪
2汤匙 糖渍生姜	2汤匙 糖粉

首先将饼干弄成饼干碎。可以用搅拌机或者将饼干放在布里并用擀面杖将其碾碎。

在平底锅中或者在微波炉中将黄油加热使其融化，接着将融化的黄油与饼干碎混合均匀。准备一个28×20cm的烤盘并将混合的黄油和饼干碎摊在烤盘底部。抹匀后将烤盘放入冰箱中冷藏使饼干底冷却变硬。

将菠萝切成小方块。将切好的菠萝与糖渍生姜（带汁）以及柚子汁混合。

在一个容器中，用电动打蛋器将鲜奶油和马斯卡彭奶酪打发。接着在里面加入糖粉，并不停地搅拌。

当饼干碎变硬后，铺上一层菠萝块，接着再抹上一层奶油。最后静置1~2小时就可以食用了。

× 苹果塔佐焦糖酱 ×

Tarte pliée aux pommes, sauce épicée au caramel et aux pommes

8人份/准备时间25分钟/冷却1小时/烹饪时间30分钟

这道甜点在制作过程中不需要用到任何烤模、盘子或者其他碗碟！只需要一块塔皮。将塔的边往内折合拢，在塔皮里面装满了内馅，烤熟后鲜香酥脆。最后搭配上焦糖酱汁（这个想法源自美国主厨巴比·福雷[1]），您就可以享受这一道既简单又美味的甜点了。

塔皮

150g 冰的含盐黄油

250g 低筋面粉

2汤匙 红糖

1个 鸡蛋

酱汁

250ml 鲜奶油

1个 八角

1块 拇指大小的姜

4块 丁香

2块 肉桂

一小撮 磨碎的肉豆蔻

250g 白砂糖

100ml 水

1汤匙 苹果利口酒或卡尔瓦多斯

125ml 苹果汁

内馅

6~8个 新鲜苹果

3汤匙 红糖

50g 无盐黄油

1个 鸡蛋

首先制作塔皮。 在一个容器中，将切成丁的黄油、面粉和红糖用电动打蛋器搅拌均匀以得到沙状的混合物。接着在里面加入打好的鸡蛋，搅拌均匀后用手将面团揉成球状。在面团表面覆盖一层保鲜膜后，将其放在冰箱中冷藏至少1小时。从冰箱中取出后将面团醒15分钟后再揉面。

在冷藏塔皮的这段时间，制作酱汁。 在平底锅中加入鲜奶油和所有香料，然后将其煮至沸腾。沸腾后关火浸泡至少15分钟使其入味，接着用一个小漏斗过滤鲜奶油，将香料去掉。

在平底锅中将白砂糖和水混合并加热。 当白砂糖煮至融化时继续加热使其沸腾，接着调至中火直至糖汁焦糖化。关火后将之前处理好的奶油倒在焦糖里（注意溅出的汁小心烫伤），在这个过程中要用一柄木匙不停地搅拌。当酱汁表面光滑时，在酱汁里加入苹果酒和苹果汁，静置备用。

将烤箱预热至180℃（6档）。 将苹果削皮后切成小块，将之前处理好的面团擀开并切成圆形。在烤盘上铺上锡箔纸或者硅胶垫，然后将塔皮放在烤盘上。

将之前切好的苹果摆在塔皮上，接着在上面撒上红糖和黄油块，并将塔皮的边叠起。 用刷子在塔皮上刷上一层打好的鸡蛋然后放入烤箱中烤制大约30分钟，直至塔皮金黄、苹果变软。

将烤好的苹果塔从烤箱中取出，然后趁热或者待其温热时搭配酱汁一同食用。 也搭配香草冰淇淋或者诺曼底奶油一起食用吧。

注:
[1] 巴比·福雷是美国的知名厨师，擅做美式食物，尤其精于烧烤。

✕ 草莓西瓜柠檬草汁 ✕

Soupe de fraises, pastèque et citronnelle, crème fouettée

6人份/准备时间15分钟

这是一道十分简单但大家都会喜欢的饮品。要在盛夏时，用当季水果来制作最美味。

200ml 鲜奶油　　　　200g 西瓜

1汤匙 糖粉　　　　　2根 柠檬草

700g 新鲜美味的草莓

（注意不要是酸的）

用电动打蛋器将鲜奶油打发，之后在里面加入糖粉并搅拌均匀。

将草莓清洗干净后去蒂。将西瓜去皮后切成小块。将柠檬草择干净后切段备用。然后将处理好的这些水果放入榨汁机中，将其搅拌成好看的果泥。

将果过筛，以便将没有打好的柠檬草小块和西瓜籽筛出。

将果泥倒在高脚杯或小酒杯中并搭配掼奶油一起享用。

× 栗子苹果咖啡免烤蛋糕 ×

Gâteau presque sans cuisson à la crème de marron, pommes et café

8～10人份/准备时间40分钟/烹饪时间10分钟/冷却2小时

一道几乎不用开火而且不会太甜的食谱。这个蛋糕就是这么讨人喜欢！一定要选用巧克力含量特别高的饼干，如果没有的话，那么必须在一开始准备料理的时候在里面加入可可粉和奶油。

5个 青苹果

约600g 巧克力饼干

120g 软化的含盐黄油

300ml 鲜奶油

2汤匙 马斯卡彭奶酪

1杯 咖啡浓缩

1～2汤匙 糖粉

5～6汤匙 香草栗子酱

将苹果削皮后去核并切成小块。在一个平底锅中加入一点水，然后将苹果放入锅中，用中火煮10分钟。

当苹果煮软后，将苹果碾成果泥放入一个容器中，之后将其静置冷却。

将饼干碾碎并与黄油混合。准备一个底部可以拆卸的烤模，然后将饼干碎与黄油的混合物铺在烤模底部。抹平后将其放入冰箱中冷藏2小时以使其变硬。

用电动打蛋器将马斯卡彭奶酪和鲜奶油打发，之后再在里面加入咖啡和糖粉。

在饼干碎表面涂上栗子酱，然后再在上面铺上一层苹果泥，最后再涂上一层掼奶油，栗子苹果咖啡免烤蛋糕就做好了。

× **覆盆子蛋糕卷** ×

Roulé aux framboises

6～8人份/准备时间15分钟/烹饪时间20分钟/静置2小时

制作这道蛋糕卷需要一定的技巧，但如果在卷蛋糕时它裂开了，别担心，蛋糕同样会很好看。

4个 蛋白

225g 白砂糖

60g 杏仁片

350ml 鲜奶油

2汤匙 马斯卡彭奶酪

2汤匙 柠檬蛋黄酱 (详见193页)

200g 新鲜覆盆子

首先将烤箱预热至200℃ (6～7档)。在烤盘覆盖上一层锡箔纸或者硅胶垫。

在一个容器中，用电动打蛋器将蛋白打发，然后分三次在里面加入白砂糖，每次放入白砂糖后都要充分搅拌。最后白砂糖应该充分融化。

当蛋白霜光亮浓稠时，将其在烤盘上铺成长方形。在上面撒上杏仁片后放入烤箱中烤15～20分钟，直至成型并且表面变至金黄。

将烤好的蛋白霜从烤箱中取出，然后立即将其翻转并放在一块干净的布上。静置10分钟后将锡箔纸或者硅胶垫拿开，之后静置大约1小时使蛋糕完全冷却。

用电动打蛋器将鲜奶油和马斯卡彭奶酪打发。

当蛋糕完全冷却时，将柠檬蛋黄酱涂在蛋糕一半处然后在外面留有1.5cm的边。接着在上面涂上掼奶油，然后撒上覆盆子。然后轻轻地将蛋糕卷起来，注意不要过分用力，最后将卷好的蛋糕放入冰箱中冷藏1小时就可以食用啦。

柠檬蓝莓水果杯
懒人吃货的福音 ×

Trifle au citron et aux myrtilles pour les gourmands ultra-paresseux

8～10人份/准备时间10分钟/冷却1小时

超级简单的英式甜点杯，只需要将配料一层层放进一个漂亮的透明玻璃杯中即可。

1块 磅蛋糕

100ml 黑加仑酒

350ml 鲜奶油

2汤匙 马斯卡彭奶酪

1小罐 蓝莓果酱

500g 新鲜蓝莓

1个 柠檬的皮屑（用于装饰）

柠檬蛋黄酱

4个 柠檬的果汁和皮屑

200g 白砂糖

100g 无盐黄油

3个 鸡蛋

1个 蛋黄

将磅蛋糕切片并浸在黑加仑酒中。用电动打蛋器将马斯卡彭奶酪和鲜奶油打发。

接下来制作柠檬蛋黄酱。在碗中倒入柠檬汁、柠檬皮屑、白砂糖和切成丁的黄油。将碗放在盛有沸水的平底锅中，隔水加热，不停地搅拌直至黄油融化。

将蛋黄和鸡蛋混合并轻轻搅拌，之后将其倒入装有黄油和白砂糖的容器中。继续在文火上煮，在此过程中要不停地进行搅拌直至蛋黄酱浓稠，用木匙搅拌的话蛋黄酱应该会粘在木匙背上。

将蛋黄酱从火上拿开并静置冷却，在冷却过程中要时不时进行搅拌。冷却后在奶油表面覆盖一层保鲜膜以防表面产生气孔。

准备一个透明的玻璃杯，然后一层一层地将带有蓝莓奶油的磅蛋糕、柠檬蛋黄酱、蓝莓酱和新鲜蓝莓放入杯中，最后在上面涂上掼奶油。

将水果杯放入冰箱中冷藏至少1小时。最后用薄柠檬片进行装饰就可以食用啦。

× 香草糖浆鲜草莓 ×

Carpaccio de fraises fraîches et sucre aux herbes aromatiques

4人份/准备时间10分钟

这是我家的一道经典甜点：好看、轻盈并且十分容易做。你就完全不用担心学不会啦！

300g 未熟透的草莓	几片 罗勒、薄荷或香菜
4汤匙 白砂糖	（或者三种都用）
	1小块 青柠檬皮

将草莓洗净并去蒂。接着将草莓片像展示超薄牛肉片那样摆盘。

将剩下的所有配料放入搅拌机中并搅拌成绿色糖粉。

在食用前10分钟，将打好的绿色糖粉撒在草莓上并使其在草莓上融化。糖酱将会和草莓汁混合出可口的味道。最后在上面摆上新鲜的香草叶装饰就可以食用了。

✕ 柠檬司康佐柠檬奶油酱 ✕

Scones au citron, lait ribot et cassonade, beurre crunchy au citron

---

可制作8个司康饼/准备时间10分钟/烹饪时间12分钟

白脱牛奶给司康带来清爽口感的同时，奶油酱带来更多层次的口感……

司康

225g 低筋面粉

75g 含盐黄油

1汤匙 红糖

1个 鸡蛋

3汤匙 白脱牛奶

½个 柠檬的果汁和皮屑

柠檬奶油酱

150g 含盐黄油

2汤匙 白砂糖

½个 柠檬的果汁和皮屑

首先制作柠檬司康。 在一个容器中，将面粉、黄油和红糖混合，用手将面团揉成类似面包粉的质地。

在另一个容器中， 将鸡蛋和白脱牛奶混合搅拌，接着在里面加入柠檬汁。将它们与之前处理好的面团混合，并用刀将其拌匀，用手揉面，此时面团应该柔软并且不粘手指。如果你感觉面团太干，可以再往里面加入一些牛奶。

在工作台上撒上一些面粉后， 将面团擀成厚度为2.5cm（注意不要比这个薄）的面饼。接着用饼干模型，做出8个圆形小面团，将其放在表面铺有锡箔纸或者硅胶垫的烤盘上。

用刷子在司康表面刷上一层牛奶， 并将其放入烤箱中烤10～12分钟直至表面金黄。

现在制作柠檬奶油酱。 在食品料理机中将黄油、柠檬皮屑和柠檬汁混合搅拌直至其呈柔滑状。最后，司康趁热或待其温热时搭配柠檬奶油酱食用。

× 青柠椰子奶冻 ×

Panna cotta à la noix de coco et au citron vert

6人份/准备时间20分钟/冷却3小时

加入一点点的椰奶，与奶冻搭配出丝滑的口感！

4片 吉利丁片	1个 青柠檬的皮屑
250ml 鲜奶油	100g 白砂糖
250ml 椰奶	

将吉利丁片在凉水中浸泡5分钟使其变软。

在浸泡吉利丁片的过程中，在平底锅中将椰奶和鲜奶油用中火加热，注意不要将其煮至沸腾！关火后在里面加入青柠檬皮屑和白砂糖，搅拌均匀。

将吉利丁片从水中取出并沥干水分，然后将其放入之前处理好的热奶酱里，充分搅拌使吉利丁片融化，然后静置冷却后再倒入玻璃杯或布蕾杯里。

将冷却的奶酱放入冰箱中冷藏至少3小时（最好能冷藏一夜），使其成形。

为了方便奶冻脱模，将容器底部轻微加热然后将奶冻倒扣在盘子里。或是省略这个步骤，直接在杯子或小碗中享用。

× 西柚蛋黄酱 ×
Curd au pamplemousse

可制作400g蛋黄酱/准备时间5分钟/烹饪
时间10分钟/冷却2小时

为了改造原本的柠檬蛋黄酱，这个改版口味将增
添一丝细微的涩味。

250ml 新鲜的西柚汁（相当于2个西柚的量）	4个 鸡蛋
	3个 蛋黄
3汤匙 西柚皮屑	70g 无盐黄油

在一个平底锅中将西柚汁煮至沸腾，持续其沸腾5分钟以
使西柚汁减少到原来的一半。然后将其静置冷却。

将西柚皮屑、西柚汁和所有的鸡蛋、蛋黄混合。接着放在
盛有沸腾的水的平底锅中隔水加热将碗中的混合物搅
拌8～10分钟以使其变浓稠。

关火后在碗中加入切成丁的黄油块，并混合均匀。接下
来，你可以用筛子将蛋黄酱中的西柚皮屑滤掉，如果你
喜欢的话保留一些也可以。最后将凝乳放入冰箱中冷却
至少2小时之后就可以食用了。

204

·冰凉甜品·

Glacé

239

× 冰淇淋反烤水果派 ×

Tatin aux bananes, mangues et dattes, glace à la crème fraîche

---

6人份/准备时间10分钟/烹饪时间25分钟/
冰淇淋机搅拌1小时

这道冬日甜点中，微酸的冰淇淋将会使人精神
振奋。

4根 熟香蕉	1张 派皮
75g 含盐黄油	
150g 白砂糖	**冰淇淋**
3个 椰枣	500g 法式酸奶油
3片 芒果干	100g 白砂糖

首先将烤箱预热至180℃（6档）。香蕉去皮。在一个高边
烤模或者铸铁平底锅中放入黄油和白砂糖，然后放在火
上加热融化，接着继续加热1分钟使其成为焦糖，最后
将香蕉浸入，沾褒焦糖。

将椰枣一分为二去掉果核。然后放入带有香蕉的平底锅
中，接着再在里面加入芒果干。

将派皮盖在水果上面，把多出来的派皮往烤模或锅里
面。放入烤箱中烤制25分钟，直至派皮膨胀上色。

在烤派皮的过程中，将鲜奶油和白砂糖混合后倒入冰淇
淋机中并开始制作冰淇淋。

将做好的水果派从烤箱中取出，静置冷却几分钟（注意
不要放置过久）。将水果派倒扣在一个有深度的盘子中
以保留上面的焦糖。最后搭配刚刚做好的冰淇淋尽情享
用吧。

燕麦饼干冰淇淋蛋糕佐奶油焦糖酱

Tarte glacée aux cookies de flocons d'avoine

8~10人份/准备时间25分钟/
冷却1小时/静置1小时

在烹饪中，特别是在制作甜点方面，你不需要具备厨师的手艺，因为对食材进行创意搭配才是王道。对于这道甜点，你可以选择其他口味的冰淇淋，但是注意要在焦糖、巧克力、香草、杏仁、杏仁巧克力等品味中选择。

冰淇淋蛋糕
2袋 燕麦饼干（如果你喜欢的话也可以选择带巧克力豆的），或400g 自制饼干制作方法详见54页）
150g 无盐黄油

2L 冰淇淋（依个人品味挑选：香草、杏仁，等等）

苏格兰黄油糖汁
3汤匙 白砂糖
50g 含盐黄油
100ml 鲜奶油

首先制作冰淇淋蛋糕。将饼干碾碎后与融化的黄油混合。

准备一个烤模，将上述步骤中得到的黄油饼干滑涂在烤模的底部。然后放入冰箱中冷藏大约1小时使其变硬。

在饼底涂上冰淇淋，你可以将冰淇淋做成球状放在饼底上，或者用抹刀铺平。

现在制作奶油焦糖酱。在一个平底锅中将白砂糖加热，当白砂糖开始变为焦糖时，在里面加入黄油和事先加热好的鲜奶油，然后搅拌均匀。

接下来等做好的酱汁充分冷却后（约1小时），淋在事先做好的冰淇淋蛋糕上，现在就可以尽情享用了。

× 香煎菠萝佐青柠冰淇淋 ×

Ananas poêlé à la vanille, glace au citron vert et à la coriandre

6人份/准备时间1小时/冰淇淋机搅拌1小时/烹饪时间10分钟

菠萝的点点香气衬托出异域风情。

冰淇淋

250ml 水

225g + 1汤匙 白砂糖

1汤匙 青柠檬皮屑

约2汤匙 新鲜的香菜叶

250ml 鲜榨青柠汁

菠萝

1个 未熟透的菠萝

1个 香草荚

1块 核桃大小的黄油

特殊器材

冰淇淋机

首先制作冰淇淋。在一个平底锅中，将水、225g白砂糖和青柠檬皮屑混合，煮至沸腾后将其静置冷却至室温。

将香菜叶切碎，与1汤匙白砂糖混合均匀。然后将混合有白砂糖的香菜叶放入之前煮好的青柠檬糖汁中，再在里面加入鲜榨青柠汁，接着把它们倒在冰淇淋机中制作冰淇淋。

现在处理菠萝。将菠萝去皮后切成薄片，必要的话去掉菠萝里面的硬心。然后将香草荚从中间劈开，取出里面的籽。

在锅中将黄油加热，然后放入菠萝片、香草荚和香草籽。将菠萝逐渐煎至金黄，并且使菠萝汁与黄油和香草籽完美融合。

当菠萝片逐渐变软并且四周开始变至金黄时，将菠萝片从锅中取出，搭配之前做好的冰淇淋和锅中的汤汁一起食用。

蜜烤香蕉佐朗姆焦糖酱、巧克力酱

Banana split grillé, sauce au caramel au rhum brun et sauce fudge au chocolat

4人份/准备时间45分钟

灵感来源于无与伦比的美国主厨艾梅里尔·拉加西的一道甜点，一次体验两种不同的酱汁。当然了，你也可以直接尝试未经烤制的香蕉……

4根 较硬的香蕉

6汤匙 液态蜂蜜

6汤匙 红糖

4球 香草冰淇淋

3汤匙 烤过的花生

适量 酒渍樱桃

巧克力酱

200ml 鲜奶油

1茶匙 速溶咖啡融于1汤匙热水中（可依据个人口味添加）

150g 黑巧克力

朗姆焦糖酱

200g 白砂糖

200ml 水

250ml 鲜奶油

80g 含盐黄油

2汤匙 黑朗姆酒

掼奶油

200ml 鲜奶油

2汤匙 马斯卡彭奶酪

首先制作巧克力酱。在一个平底锅中将奶油和咖啡混合加热，之后将切块的巧克力倒入容器中。巧克力在锅中加热几分钟后使之融化并进行搅拌，待搅拌均匀后静置备用（你也可以将做好的巧克力酱放入冰箱中，然后在食用之前将巧克力酱轻微加热）。

制作朗姆焦糖酱。首先在平底锅中将白砂糖和水混合加热来制作焦糖。之后在另一个平底锅中将鲜奶油加热。当焦糖变至金黄时，倒入热好的鲜奶油（注意不要被溅出的奶油烫伤），然后再倒入黄油搅拌均匀。如果酱汁中还有结块，那么再将其放在火上轻微加热。最后在里面倒入朗姆酒后静置备用。

现在制作掼奶油。直接用电动打蛋器将马斯卡彭奶酪和鲜奶油混合搅拌均匀即可。

现在，将烤箱预热。将香蕉切成两半，然后将其放在铺有锡箔纸的烤盘上。接着在香蕉上倒上蜂蜜并撒上红糖。将处理好的香蕉放入烤箱中烤制3～5分钟，直至香蕉上的糖烤成焦糖。注意在烤的过程中要尽量保持香蕉原有的形状。将烤好的香蕉从烤箱中取出然后去皮，之后将香蕉分别放在4个盘子中（一盘可装2片），并在每个盘子中放入一球香草冰淇淋。

搭配做好的酱汁来享用美味的香蕉，记得在香蕉上撒上花生和做好的掼奶油，再洒上一些酒渍樱桃作为装饰。

× 柠檬冰盒蛋糕 ×
Ice box cake au citron

6人份/准备时间30分钟/冰淇淋机搅拌1小时/烹饪时间5分钟

这份食谱的灵感来自于伦敦Lookhart餐厅的一道甜点。

冰淇淋

400ml 鲜奶油

1罐 柠檬凝乳（300～400g，详见193页）

1个 柠檬的果汁和皮屑

蛋白霜

2个 蛋白

80g 白砂糖

蛋糕底

6块 消化饼干或麦片饼干

30g 软化的无盐黄油

特殊器材

冰淇淋机

首先制作冰淇淋。 在一个容器中，用电动打蛋器将鲜奶油打发，接着在里面加入柠檬蛋黄酱、柠檬汁和柠檬皮屑。把这些放入冰淇淋机中制作冰淇淋。

现在制作蛋白霜。 在一个容器中，用电动打蛋器将蛋白打发，然后在里面一点一点地放入白砂糖。之后搅拌3～4分钟使蛋白霜浓稠光滑。

然后将饼干碾碎与黄油混合， 并分成6份铺在布蕾杯或者小碗的底部。在每一份的上面都放一个冰淇淋球再覆盖上一层蛋白霜。之后，把这些放在预热过的烤箱中数秒，或者在喷枪的作用下使蛋白霜表面焦糖化。趁热享用吧！

× 曲型黄油饼干佐橙花酸奶冰淇淋 ×

Biscuits au beurre tordus, yaourt glacé au miel et à la fleur d'oranger

约可制作12块饼干/准备时间50分钟/
烹饪时间10分钟/冰淇淋机搅拌1小时

这是一道希腊的传统甜点，搭配夏季当季水果做成的沙拉和冬季的香橙沙拉都很完美。

饼干

225g 室温下的无盐黄油

150g 白砂糖

2个 鸡蛋

½茶匙 香草精

½茶匙 杏仁精

275g 低筋面粉

冰淇淋

200ml 鲜奶油

500g 酸奶

5汤匙 液态蜂蜜

½茶匙 橙花水

特殊器材

冰淇淋机

将烤箱预热至200℃（6～7档）。在两个烤盘上铺上一层锡箔纸或者硅胶垫。

在一个容器中，将黄油和白砂糖混合搅拌，打发至慕斯状。之后在里面加入一个鸡蛋后继续搅拌。然后加入香草精、杏仁精和面粉。充分搅拌直至得到质地柔软的面糊。

将面团分成一个一个小勺长的小面团，然后揉成长条状、s形、辫子形或者螺旋形。

将饼干摆在烤盘上，彼此间隔用剩下的蛋液涂在饼干的表面，然后把饼干放入烤箱中烤制10分钟，直至饼干变硬并略微金黄。将饼干从烤箱中取出后在晾架上静置冷却。

在烤饼干的过程中，制作冰淇淋。在一个容器中，用电动打蛋器将鲜奶油打发，接着在里面加入其他制作冰淇淋的配料并且不停地搅拌。将均匀的食材放入冰淇淋机中搅拌制作冰淇淋。

将饼干和冰淇淋搭配食用，也可以放上香橙切片和开心果碎屑作为装饰。

味噌姜味枫糖椰奶冰淇淋 ×

Glace au miso, coco, sirop d'érable et gingembre

**4～6人份/准备时间25分钟/
冰淇淋机搅拌1小时**

这道带有新鲜异国风味的冰淇淋，让人回味无穷。

400ml 椰奶　　　　　　100g 糖渍生姜（带糖粒）

150ml 枫糖浆

1～2汤匙 红色味噌　　　**特殊工具**

冰淇淋机

在一个容器中，将椰奶、枫糖浆和味噌混合搅拌至慕斯状。

将混合好的食材放入冰淇淋机中制作冰淇淋。在冰淇淋快要成形之前，在冰淇淋机中放入几片糖渍生姜，之后再让冰淇淋机工作一会儿。

当冰淇淋做好后，一定要赶紧食用（这时吃最美味）。或者如果你想晚点品尝的话，就把冰淇淋放入冰箱中冷冻保存。

× 爆米花冰淇淋佐烟熏巧克力酱 ×

Glace au popcorn et sauce fumée au chocolat

6人份/准备时间40分钟/浸泡1小时/冰淇淋机搅拌1小时

这道甜点是我由伦敦Barnyard餐厅的一道甜点改编而来的，它深受欢迎。你可以在网上买到烟熏液。

冰淇淋

200ml 全脂牛奶

100g 焦糖爆米花

300ml 鲜奶油

4个 蛋黄

100g 白砂糖

½茶匙 香草精

烟熏巧克力酱

150ml 鲜奶油

200g 牛奶巧克力

1汤匙 咸焦糖奶油酱（详见20页）

几滴 液态烟熏液（这是一种为酱汁增香或用于腌制肉类的食品添加剂，网上有售）

特殊器材

冰淇淋机

首先制作冰淇淋。在一个平底锅中，将牛奶煮至沸腾，接着在牛奶中加入爆米花（留一些爆米花用于后面的装饰），浸泡1小时。

接着将加有爆米花的牛奶过滤到另一个平底锅中。在里面放入鲜奶油后，搅拌并加热。

这段期间在一个容器中将蛋黄和白砂糖混合并搅拌，直至蛋糊变白并且体积加倍。之后在搅拌好的蛋糊中倒入热奶油并用力搅拌。接着将混合搅拌好的食材倒在一个平底锅中并放到火上加热，用一把木匙不停地搅拌直至奶酱足够浓稠能够粘到木匙上。

关火后将奶酱倒在另一个大容器中使其慢慢冷却。在奶油中放入香草精，待完全冷却后放入冰箱中冷藏。然后将在冰箱中冷藏过的奶酱倒在冰淇淋机中搅拌制作冰淇淋。

现在制作巧克力酱。在一个平底锅中加热鲜奶油，之后将倒在装有切好块的巧克力的容器中。静置1分钟后对其进行搅拌以使巧克力充分融化。接着在里面放入焦糖和几滴液态烟熏液，搅拌均匀。

将巧克力酱淋在冰淇淋上，记着再撒上一些爆米花作为装饰。

× 牛奶麦片冰淇淋 ×

Glace aux céréales et au lait

6人份/准备时间40分钟/
冰淇淋机搅拌1小时

这是一道致敬克莉丝汀·托西的甜点，她是纽约
Momofuku餐厅的一位杰出的糕点师。

75g 焦糖口味麦片	**特殊器材**
（Kellogg's）	冰淇淋机
350ml 全脂牛奶	
2汤匙 白砂糖	

将麦片和牛奶倒在一个容器中，充分搅拌后使麦片浸泡
在牛奶中。

接着在麦片牛奶中加入白砂糖，然后将所有的食材倒在
冰淇淋机中制作冰淇淋。

当冰淇淋制作完成时，搭配松脆的麦片和烟熏巧克力酱
（制作方法见前一页）一起享用吧。

× 面包冰淇淋 ×
（不用冰淇淋）
Glace au pain brun

6人份/准备时间25分钟/冷冻4小时

这个冰淇淋是爱尔兰和英国小酒馆菜单中的经典。搭配巧克力酱（制作方法详见211页）也是绝配。

75g 褐色面包屑

60g 红糖

4个 鸡蛋

1汤匙 威士忌

300ml 鲜奶油

75g 糖粉

将烤箱预热至200℃（6～7档）。

在一个烤盘上铺上一层锡箔纸或者硅胶垫，之后将面包屑和红糖混合并铺在烤盘上。放入烤箱中烤5分钟，直至面包屑烤成棕色并焦糖化，但要注意不要将面包烤焦了！将从烤箱中取出的面包静置冷却。

把鸡蛋的蛋白和蛋黄分离，之后在一个容器中用电动打蛋器将蛋白打发。

在另一个容器中，将蛋黄与威士忌混合。之后加入蛋白霜，混合均匀。

在第三个容器中，用电动打蛋器将鲜奶油和糖粉打发，随后倒入之前混合好的蛋糊，再放入烤好的焦糖面包屑。

全部倒入一个密封的容器中，放入冰箱中冷冻4小时，就可以食用啦。

× 橄榄油冰淇淋 ×

Glace à l'huile d'olive

4～6人份/准备时间15分钟/
烹饪时间20分钟/冷却4小时/冰淇淋机搅拌1小时

超级时尚的夏日小甜点,搭配柠檬百里香饼干更完美。

200ml 全脂牛奶

100ml 鲜奶油

140g 白砂糖

5个 蛋黄

150ml 冷压初榨橄榄油

一小撮 盐之花

特殊器材

冰淇淋机

在一个平底锅中将牛奶和鲜奶油煮至沸腾。

接着在一个容器中将白砂糖和蛋黄打发,直至蛋糕变白且体积加倍。

将热奶油倒在搅拌好的蛋糕中搅拌。再全部倒回平底锅中以中火加热,并用一把木匙不停地搅拌。当锅中奶酱开始变浓稠时,即可关火。静置冷却后再放入冰箱中冷藏几小时。

将盐之花与橄榄油混合后倒在冷藏后的奶酱中,之后将其倒在冰淇淋机中制作冰淇淋。

× 洋梨荔枝清酒雪葩 ×

Sorbet de poire et litchi au saké

4人份/准备时间30分钟/
冰淇淋机搅拌1小时

清酒为这道美味的雪葩带来了更丰富的感受。

3个 洋梨   150ml 清酒

1瓶 荔枝罐头（约400g）

300ml 水   **特殊工具**

150g 白砂糖   冰淇淋机

将洋梨去皮并切成小块，把荔枝从罐头中取出并沥干糖汁。

在一个平底锅中将白砂糖和水混合，放入洋梨后煮至沸腾。大约煮20分钟后关火，静置使其完全冷却。

将洋梨捞出并沥干水分，之后放入食品料理机中，同时再放入一半的荔枝和清酒，然后将其搅拌为果泥。接着，在搅拌好的果泥中适当加一些荔枝罐头中的糖汁或者煮洋梨的糖水。

将处理好的果泥放入冰淇淋机中制作雪葩。做好后，搭配剩下的荔枝一起享用吧！

× 佛手柑雪葩 ×

Sorbet à la bergamote

4～6人份/准备时间30分钟/冷却1小时/冰
淇淋机搅拌1小时

如果你找不到佛手柑的果汁，可以用新鲜柠檬汁
来代替。

	特殊器材
100g 白砂糖	
150ml 水	冰淇淋机
400ml 佛手柑果汁	

在一个平底锅中，将水与白砂糖混合，加热使白砂糖融
化。之后，将糖汁放入冰箱中冷藏1小时左右。

将冷却的糖汁与佛手柑果汁混合均匀。倒入冰淇淋机中
制作雪葩。

将做好的佛手柑雪葩放在室温下静置几分钟，即可食用。

× 尼格龙尼雪葩 ×

Sorbet façon Negroni

4人份/准备时间30分钟/冰淇淋机搅拌1小时

这道甜点的制作是受到了伦敦一家饭店的米其林星级主厨安吉拉·哈特内特①的启发。

125ml 水

150g 白砂糖

1个 西瓜（可得到约400ml的
西瓜汁）

250ml 橙汁

1个 柠檬的果汁

100ml 金巴利酒

100ml 金酒

特殊工具

冰淇淋机

注:
① Angela Hartnett: 米其林星
级主厨。

在平底锅中将水和白砂糖混合加热，直至白砂糖完全融化。关火后静置一会儿使糖汁冷却，接着将糖汁放入冰箱中冷藏。

将西瓜去皮后把果肉切成小块。尽可能地给西瓜去籽然后将西瓜块放入搅拌机中过滤果汁。

将冰的糖汁与西瓜汁、橙汁、柠檬汁以及两种酒混合，然后放入冰淇淋机中制作尼格龙尼雪葩。

× 薄荷柠檬雪葩佐孜然辣椒巧克力 ×

Sorbet menthe et citron vert, écorce de chocolat au cumin et au piment

6人份/准备时间30分钟/冰淇淋机搅拌1小时

搭配精致的巧克力片，这是一道轻盈又清凉的甜点。

200g 白砂糖

275ml 水

100g 黑巧克力

½茶匙 孜然粉

½茶匙 辣椒粉

1把 鲜薄荷叶

5个 柠檬的果汁和皮屑

5个 青柠檬的果汁和皮屑

特殊器材
冰淇淋机

在平底锅中将水和白砂糖混合加热，沸腾后小火慢煮5分钟。

在这段时间内，用微波炉或者蒸锅（详见70页）将巧克力隔水加热融化。将融化的巧克力铺在烘焙纸上薄薄一层，然后轻轻撒上孜然粉和辣椒粉。之后将巧克力放入冰箱中冷藏，以待搭配雪葩食用。

将煮好的糖汁从火上拿下来，然后将薄荷叶放入糖汁中浸泡5分钟左右。之后将薄荷叶取出，让糖汁冷却一会儿，然后倒入柠檬汁和柠檬皮屑，混合均匀后放入冰箱中冷藏直至糖汁完全冷却。

把冷却好的糖汁放入冰淇淋机中制作雪葩。把冰箱中冷藏的巧克力取出，去掉外面的烘焙纸后分成数片，然后搭配制作好的雪葩一起食用吧！

甜椒覆盆子巧克力雪葩 ×

Sorbet aux poivrons rouges et aux framboises, miettes de chocolat au poivre de Sarawak et fleur de sel

6～8人份/准备时间45分钟/冰淇淋机搅拌1小时/冷冻4小时

500g 新鲜覆盆子

200g 红色甜椒或红椒罐头

120g 白砂糖

1茶匙 覆盆子果醋

150g 黑巧克力

6块 黑巧克力饼干

50g 无盐黄油

适量 砂拉越①胡椒

一小撮 盐之花

特殊工具

冰淇淋机

将覆盆子放入食品料理机中搅拌为果泥, 再将果汁过滤。

用同样的方法处理红色甜椒, 然后将这样得到的果泥与覆盆子果泥混合, 然后再放入白砂糖和覆盆子果醋。

将处理好的材料放入冰淇淋机中制作雪葩, 之后将做好的雪葩放入冰箱中冷冻3～4小时。

用微波炉或者蒸锅(详见70页)将巧克力隔水加热融化。之后将巧克力以很漂亮的形状铺在烘焙纸上, 放入冰箱中冷藏备用。

将饼干碾碎后与黄油混合均匀。接着撒上一点胡椒和盐之花, 搅拌均匀后放入冰箱中。

把做好的雪葩摆在盘子中, 接着撒上处理好的饼干碎, 再摆上好看的巧克力, 然后就赶快享用吧!

注:
① 马来西亚的一个地区, 盛产胡椒。

× 冰沙 ×

在品尝这种甜点的时候，先让它略微融化一点，然后用吸管来吸，像喝奶昔一样享用。

荔枝冰沙
Slush au litchi

2人份/准备时间15分钟/冷冻4小时

1瓶 荔枝罐头（400g）

150ml 椰奶

2个 青柠檬的果汁

4汤匙 白砂糖

几个 新鲜荔枝（用来装饰）

将所有的配料放入食品料理机中搅拌为果泥。将搅拌好的果泥倒在一个密封盒中，然后放入冰箱中冷冻4小时左右，直至果汁全部结冰。

把密封盒从冰箱中取出，把冰切成小块后再放入搅拌机中打成冰沙（把冰搅拌为雪花状）。如果你喜欢的话，也可以在冰沙里加入气泡矿泉水（巴黎水①）或者荔枝果汁。

最后，把冰沙倒在高脚玻璃杯中，装饰几个新鲜荔枝后用吸管享用!

西瓜冰沙
Slush à la pastèque

2人份/准备时间15分钟/冷冻4小时

½个 西瓜

6~8片 新鲜薄荷叶

4汤匙 白砂糖

3个 青柠檬的果汁

750ml 气泡矿泉水（巴黎水）

注:
① 巴黎水是一种天然气泡矿泉水。

将西瓜果肉切块后放入食品料理机中，如果可以的话尽可能将西瓜中的籽去掉。然后把搅拌好的西瓜汁用筛子过滤。

在食品料理机中把西瓜汁和薄荷叶、白砂糖混合，然后搅拌均匀。把搅拌好的果汁倒在一个塑料密封盒中，然后放入冰箱中冷冻4小时左右，直至果汁全部结冰。

把密封盒从冰箱中取出，把冰切成小块后再放入料理机中打成冰沙（把冰打碎成雪花状）。在冰沙中加入气泡矿泉水后，倒在高脚玻璃杯中，最后用吸管享用!

✕ 阿芙佳朵冰淇淋 ✕
Affogato

6～8人份/准备时间3分钟

超有效率的甜点，适合在时尚午餐享用。如果你想在社交网站上扮演一个时尚博主的话，可以用小琉璃杯装甜酒，旁边摆上冰淇淋杯，再将另一杯浓缩咖啡放在另一角来制造完美构图。

6～8球 香草冰淇淋	适量 利口酒、威士忌酒、
3杯 浓缩咖啡	朗姆酒或者白兰地

如果你想做这道甜点，需事先准备好几球香草冰淇淋球。

为了使咖啡保持热度，享用时再煮咖啡即可。在每个小玻璃杯中放一个冰淇淋球，然后倒入一点热咖啡，最后淋上几滴你喜欢的酒，即可享用。

食谱索引
Index des recettes

（依拼音排序）

Le cours de Pâtisserie de l'Atelier des Chefs © Hachette−Livre (Hachette Pratique) 2013.
Simplified Chinese édition arranged through YouBook Agency Limited
Le cours de Cuisine de l'Atelier des Chefs © Hachette−Livre (Hachette Pratique) 2011.
Simplified Chinese édition arranged through YouBook Agency Limited
中文简体字版权 © 2017 海南出版社

版权所有　不得翻印
版权合同登记号：图字：30-2017-026 号
图书在版编目（CIP）数据
　销魂甜点 /（法）崔西·德桑妮著；蒲亚楠译 . ﹣﹣
海口：海南出版社,2017.10
　ISBN 978-7-5443-7523-8
　Ⅰ . ①销… Ⅱ . ①崔… ②蒲… Ⅲ . ①甜食－制作
Ⅳ . ① TS972.134
　中国版本图书馆 CIP 数据核字 (2017) 第 222224 号

销魂甜点

作　　者：（法）崔西·德桑妮
译　　者：蒲亚楠
监　　制：冉子健
策划编辑：周　萌　冉子健
责任编辑：孙　芳
责任印制：杨　程
印刷装订：联城印刷（北京）有限公司
读者服务：蔡爱霞　郄亚楠
出版发行：海南出版社
总社地址：海口市金盘开发区建设三横路 2 号　　邮编：570216
北京地址：北京市朝阳区红军营南路 15 号瑞普大厦 C 座 1802 室
电　　话：0898-66830929　　010-64828814-602
投稿邮箱：hnbook@263.net
经　　销：全国新华书店经销
出版日期：2017 年 10 月第 1 版　　2017 年 10 月第 1 次印刷
开　　本：889mm × 1194mm　　1/16
印　　张：15.5
字　　数：250 千
书　　号：ISBN 978-7-5443-7523-8
定　　价：199.00 元

作者简介

崔西·德桑妮（Trish Deseine），爱尔兰人，于1987年移居法国。

崔西是美食作家，于2009年被法国杂志评选为十年来最具影响力的女性之一。她也曾任爱尔兰RTE和英国BBC频道的美食节目主持人，也为法国ELLE杂志、爱尔兰Times杂志的美食专栏作家。

2001年，崔西出版第一本食谱书《与小朋友共享的食谱》便获得了法国拉杜丽(Laduré e)及SEB大奖的肯定。而她的第二本食谱《我要巧克力！》不仅获得世界美食家食谱大奖，更是创下50万册的销量成绩！总体而言，至今崔西所出版的食谱书，累积销量已超过一百万册！

内容简介

本书为读者精挑细选出100道令人吮指回味的欧式甜点。夏天，有莓果类甜点，冬天，有冰淇淋；假日或家庭聚餐，则挑选了一些法式经典甜点和蛋糕……当中的绝大部分，都是用一些基本材料和方便取得的材料做成的。让你一周一次，享受美好的烘焙时光。

销魂甜点跟哀伤、疾病等形容词完全无关，反倒是在为我们活着的喜悦发声。最后大家都会走向死亡，过程或长或短，何不在活着的时候做得开心、吃得痛快？当甜点逐渐成为少数能够抚慰人心的依靠，我们希望通过这本书，为各位提供更多灵感，直到审判日来临。

现在，让我们开始动手吧，无论是甜点还是人生！　最后送你一句法国幽默大师皮埃尔·德普罗日（Pierre Desproges）的名言："在迎接死亡的期间，幸福活着！"